FAO 中文出版计划项目丛书

大田作物产量差距分析：方法和案例研究

联合国粮食及农业组织　编著
孙　钊　等　译

中国农业出版社
联合国粮食及农业组织
2019 · 北京

引用格式要求：
粮农组织和中国农业出版社。2019年。《大田作物产量差距分析：方法和案例研究》。中国北京。92页。许可：CC BY－NC－SA 3.0 IGO。

本出版物原版为英文，即*Yield gap analysis of field crops：Methods and case studies*，由联合国粮食及农业组织于2015年出版。此中文翻译由农业农村部全国农业技术推广服务中心安排并对翻译的准确性及质量负全部责任。如有出入，应以英文原版为准。

ISBN 978－92－5－108813－5（粮农组织）
ISBN 978－7－109－26489－2（中国农业出版社）

FAO中文出版计划项目丛书

本书译审名单

翻　译　孙　钊　郑　君　吴　优　卓富彦

审　校　程映国　郭　敏

序
PREFACE

到2050年，世界人口将会达到90亿。据估计，这些人口对粮食的需求会比现在增加60%。据测算，新增粮食需求量的80%要通过提高农业生产集约化程度来实现。在没有大量可转化为耕地的土地资源情况下，想达到这个目标，需要提高作物种植的集约化程度并获得更高的年产量。但是作物的产量会因不同地区、不同生态环境、农民对农业生产的投入水平不同以及农事操作的不同而千差万别。在已种植作物的现有耕地上估算产量差距，可以为在现有农业生产基础上提高作物产量提供有益的参考。

该书作者在收集大量资料的基础上，分析研究并提出了估算不同作物在不同种植制度下的产量和产量差距的可行性方法。这些方法涵盖范围广泛，除了认真查阅参考文献，作者还对这些方法进行了充分考证和分析。在灌溉条件下可以取得的最高产量定义为潜在产量，在雨养农业条件下可以取得的最高产量定义为水限制产量，而根据作物生理学特性计算出的最高产量被称为理论产量，这些定义可以为将来作物产量的提升指明方向。

该书中涉及众多研究者和案例，作者通过对它们的分析，将确定基准产量和产量差距的方法分成四类，每类都包含了一定范围的应用实例。第一类方法是将可获得产量与现有最高产量直接相比较，那么就可以为提高现有作物的产量提供指导。第二类方法是通过对包含环境因素的实际产量形成原因的分析，从生产管理的角度提出产量提高的可行性方法。这在雨养农业区有着特殊的用途。在这些地区，通过开展边界条件分析，可以找到那些支持更高水限制产量的适宜季节和其他因素，这样就会为此特定自然条件下取得灌溉水产值最大化提出相应的农事操作策略和建议。第三类方法是建立可以为潜在产量和水限制产量确定标准值的不同作物产量模型。在一些相关数据收集受到限制的地区，可以推广应用这些模型，这些地区通常也是对粮食增产需求最为迫切的发展中国家。第四类方法是将产地实测产量数据和数学模型估算值以及作物和环境的遥感信息相结合的大规模比较性研究。其结果可以在区域性和国家层面上，为选择农业发展优先支持的领域或者制定发展政策提供有用信息。

为满足在未来几十年中全世界对于粮食的更大需求，有许多工作需要开展。该书中描述的方法将会为这些工作提供坚实的基础。

Moujahed Achouri
土地和水资源处处长

前　言
FOREWORD

作为在FAO和美国内布拉斯加大学Robert B. Daugherty水利与粮食生产研究所（DWFI）的代表，我们很高兴地宣布由以上两个单位合作的《大田作物产量差距分析：方法和案例研究》一书正式出版了。本书回顾了产量差距分析的方法，阐明了在不同空间和时间尺度上对产量差距进行分析和实际产量、可获得产量和潜在产量的清晰定义和相关测量与建模技术，并用案例说明不同类型方法的应用。我们认为，本书会对我们通过改善水和土地生产力来促进全球水资源和粮食安全做出重大贡献。

更重要的是，2013年10月3～4日在罗马，由FAO、美国内布拉斯加大学Robert B. Daugherty水利与粮食生产研究所和斯德哥尔摩环境研究所共同主办了题为“作物产量和水分生产量差距：方法、存在问题和解决方案”的论坛活动，本书包含了此次活动的关键信息和成果。这个活动将业内优秀的专业人士聚在一起，讨论计算产量差距的方法，以及产量差距和水分生产率差距的成因，在小规模和大规模农业种植制度下减少产量差距所需要采取的措施，包括如何从农事操作和政策角度促进产量差距减少的相关技术的推广应用，这些内容都是非常重要的。

2012年7月，由美国内布拉斯加大学校长James Milliken和FAO总干事Jose Graziano da Silva签署了意义深远的协议，在FAO和美国内布拉斯加大学Robert B. Daugherty水利与粮食生产研究所之间建立合作。本书和专家咨询活动是这个协议的第一个成果。

该协议呼吁在三个重点领域合作：利用数学模型、遥感和信息系统持续提高水分利用率；提高抗旱和适应气候变化能力；提高在干旱、养分胁迫和水资源缺乏条件下的可持续农业生产能力。

在FAO和美国内布拉斯加大学Robert B. Daugherty水利与粮食生产研究所合作的基础上，产量差距分析工作是上述第一个领域中的重点，可以为决策者提供建议或开发相应的模型工具和知识传播系统，在水和农业管理方面识别和确认具有最大增产潜力的因素，在可持续发展基础上增加粮食供应。

具体而言，它建立在两项主要措施基础之上：（1）由内布拉斯加大学及其伙伴机构合作建立全球产量差距的地图；（2）倡议在近东和北非等水资源短缺区域的灌溉和雨养农业种植体系中开发提高水分生产率的工具和方法。

P. Steduto

近东和北非地区区域副代表、FAO驻埃及代表

开罗，埃及

Roberto Lenton

创始执行董事和主任，美国内布拉斯加大学

Robert B. Daugherty 水利与粮食生产研究所

致　谢

ACKNOWLEDGEMENTS

2013年10月，由联合国粮农组织（FAO）、美国内布拉斯加大学Robert B. Daugherty水利与粮食生产研究所（DWFI）、斯德哥尔摩环境研究所（SEI）和瑞典国际农业网络倡议组织（SIANI）组织了“针对作物产量和水分生产率差距的专家咨询”活动，来自不同机构的一批专家参加上述活动并为本书的出版做出贡献。

因此，要特别感谢Roberto Lenton（DWFI）、Johan Kuylenstierna（SEI）和Matthew Fielding（SIANI），他们为这次活动做出系统性的和财务方面的贡献。

与会者高度赞赏有关专家们在协商和辩论中所做的积极的和宝贵的贡献，他们是：Víctor Sadras教授，南澳大利亚研究与发展研究所，澳大利亚；Kenneth Cassman和Patricio Grassini，内布拉斯加大学水利与粮食生产研究所研究员，美国；Antonio Hall教授，布宜诺斯艾利斯大学，阿根廷；Wim Bastiaanssen博士，代尔夫特科技大学，荷兰；G Weldesemayat Sileshi博士，世界农林中心，马拉维；Pablo Tittonel，瓦赫宁根大学，荷兰；Elias Fereres，科尔多瓦大学，西班牙；Jennie Barron，斯德哥尔摩环境研究所，瑞典；Christopher Neale，生物系统工程系教授，Robert B. Daugherty水利与粮食生产研究所主任，美国；Lenny van Bussel，德国波恩大学作物科学与资源保护系、荷兰瓦赫宁根大学植物生产系统研究组织成员；Genesis T. Yengoh，隆德大学可持续发展研究中心，瑞典；Shulan Zhang，西北农林科技大学资源与环境学院，中国。

FAO同事们对本书提供了必不可少的支持。我们要感谢以下这些同事所做的重要工作：Barbara Herren（农业生产和保护司），John Latham和Roberto Cumani（土地和水资源处），Chung Te Tzou（亚洲及太平洋区域办事处）。特别感谢Jippe Hoogeveen、Patricia Mejias Moreno和Michela Marinelli（土地和水资源处），他们不仅在讨论中贡献了宝贵的改进建议，同时也为活动组织提供了帮助，在手稿的编辑中，与 Deborah Welcomme 合作也非常重要。

我们也特别感谢 Elias Fereres 教授和 David Connor（澳大利亚墨尔本大学农学院名誉教授），他们对本书的篇章结构和内容上的真知灼见让我们受益良多。

最后，在产量差距分析工作方面，我们要感谢来自 Robert B. Daugherty 基金会和比尔及梅琳达·盖茨基金会慷慨的财政支持。

内容提要

ABSTRACT

目前已经有众多文献对全球农业发展所面临的挑战进行了详尽分析。在自然资源压力不断增大的情况下，保障粮食安全、实现农业生产的可持续增长，这个需求是众所周知的。

在农业研究与开发领域，增加投入的重要性获得了越来越广泛的认可。如何将有限的资金进行合理分配对促进粮食生产的增长至关重要，在这个方面，减少在粮食生产中普遍存在的可获得产量与实际产量间的巨大差距，是研究的重要目标。

世界范围内，无论小规模还是大规模的作物种植制度，都需要减少产量差距的实际措施。要想取得进展，要从以下四个方面进行努力：①在不同的产量水平、不同的生产规模和不同的时间尺度内，寻找产量数据的定义方法和测量技术。不同产量水平包括实际产量、可获得产量以及潜在产量等，不同的生产规模包括田块水平、农场水平、地区水平和全球水平等，不同的时间尺度包括短时间段和长时间段等。②确认不同产量水平间存在产量差距的原因。③寻找可以用来减少产量差距的可行的农事操作措施。④制定有利于推广应用缩小产量差距技术的政策措施。

所以本书的主要目的是对产量差距的分析方法进行总结和回顾，同时利用案例说明不同方法的实际应用，从而对上述四方面中的第一个方面进行详细论述。

在本书中定义了理论产量、潜在产量、水限制产量和实际产量的概念。产量差距是指在一个产量系列中，两个不同的产量水平之间的差异。虽然研究目标不同，但不同的产量差距间是有相关性的。可减少的产量差距包括两方面的因素，一是在种植过程中，与达到潜在产量和水限制产量相关的所有因素，这些因素一般不太可能得到合理安排；二是来源于经济、农事操作以及环境方面的相关因素，这些因素有可能会限制产量提高。比如施肥一般是为了取得最高的产量，但对于一个农户而言，他首先要权衡在整个农场范围内如何取得最大的收益，同时承担最小的风险，一般不考虑单个农作物的最高产量。对于潜在产量和水限制产量之间的产量差距，可以通过灌溉消除。

不同的时间和空间尺度对产量差距的影响也是本书讨论的内容。就空间尺度而言，产量差距可以被分成以下几个不同的层次：地块级别、地区级别、国家级别、大的生态区级别。全球级别的遥感技术可以用来描述作物生长田块产量的空间变异情况，它可以精细到每一个单独的田块。时间的尺度也需要被确定，因为一些和时间相关的处于动态的环境因素（土壤、气候、生态系统的生物组成成分等）以及技术因素，会因时间尺度的不同而需要被考虑或被排除。确定时间和空间尺度的标准需要被明确地定义出来，因为这种标准和最终产量差距分析的目标息息相关。卫星测量结果则需要同原位测量技术的结果相参照。

估算出的产量差距数据的准确度往往由一些对结论支持力比较弱的数据决定。在很多情况下，这些数据是从农民田间实地获得的，属于小于国家范围级别的、质量比较高的数据。此外，计算和解释产量差距需要可靠的气候数据，另外还需要附加的农事操作信息以及透明的假设。

用来确定田间基准产量和产量差距分析的主要方法有不同类别，在本书中用不同的事例加以说明。确定田间基准产量的方法受以下条件的影响：如空间尺度和时间尺度的不同、问题的不同，以及回答问题所能找到的资源的不同。我们将这些方法从广义上分成了四大类：

第一类方法是将实际的产量与附近相同环境下的最高产量相比较，比如有着相同地形和土壤类型的邻近地块。这种比较方法受到空间尺度定义的限制，而且它只是实际产量和可获得产量之间的产量差异的近似值。因为这种计算需要投入最小，也最简单，可以用来提供一个受限制但是非常有用的基准产量值。在这种情况下的产量差距的大部分原因可以归因于农事操作的不同。当然这种方法有的时候也会出现误差，特别是当那些公认的较好的农事操作实际上不可行时，这时基于数学模型的产量计算值可以提供一个更可靠的基准产量。

第二类方法是第一类方法的变异，具体地说它也是基于实际田间产量的对比，但是和一个单一的田间基准产量值不同，其产量值一般会被表达成含有一到多个环境因素变量的简单函数模型。和第一类方法一样，这类方法也不能与最好的农事操作相关联。French 和 Schultz 的模型是这类方法的典型代表。他们的模型将小区的实际产量与季节性的灌溉水量相关联，构建了一个在给定灌溉水量情况下取得最好产量的边界函数，将实际的田间产量与函数计算出来的产量值之间的差距定义为产量差距。符合数据规律的一个边界函数模型可以提供一个可以按不同空间尺度计算的基准产量，从而在空间上对不同季节的自然条件进行考虑。这个边界函数可以有多种方法进行估算，但是推荐方法是让这个函数的曲线和参数能够具有生理学意义。在这个模型方法中，可以使用氮素吸收量和土壤质地代替灌溉水成为函数变量。

第三类方法的数学模型包括了从简单的气象因素参数模型，到中等难度的模型，一直到有较高复杂性的模型。一般来讲，越复杂的数学模型在农学上有越高的价值，因为这个模型可以表达一些作物品种特殊的基因学特点，以及至关重要的水和氮素的相互作用。但从另一个方面讲，越复杂的模型所需要的参数和前提条件就越难以获得。产量差距分析的目标之一，即寻找能提高产量的农事操作影响因素，在这里也作了描述。更重要的是，在这个数学模型里，用来估算潜在产量所需要的参数包括了在无胁迫条件下作物生长的生理学特点。

第四类方法是指在确定基准产量时，将实际的产量数据、遥感数据、地理信息系统数据以及不同难易程度的数学模型相结合的方法。这种方法对于在一个大的区域范围内或者更大范围内确定基准产量有重要意义。在这个更大范围内，利用模型进行产量估算时所用到的天气和气候数据显得特别重要。不合适来源的数据会导致最终的结果有明显的偏差。研究表明，利用网格化气候数据模拟得出的潜在产量和水限制产量值，往往和利用同一地区的气象台的实测数据模拟出来的产量不符。因此，在制定产业政策和对重点科研部门进行投资决策，以及需要估算全球范围内的产量差距数据时，这些方法需要标准化。所以，以点为基础的模拟潜在产量和水限制产量方法，与一些合理的改进后的模型方法相配合，这样即使在一个大的尺度上，进行产量差距分析也可能会更合适。在刚过去的一些年里，利用遥感进行产量差距分析的方法得到较大的发展，特别是基于像素点的生物量产量模型。按照生物量、太阳辐射利用率和收获指数进行分类可以计算出基于点位的产量值，同时这个值每 5～10 年要进行一次重新计算。

目　　录
CONTENTS

序 …… v
前言 …… vii
致谢 …… ix
内容提要 …… xi

1　导言 …… 1

2　作物产量的定义 …… 4

2.1　产量定义标准的演变 …… 4
2.2　产量的定义 …… 6

3　产量差距分析的单位、数据来源和方法 …… 13

3.1　田间实测数据：空间单位和精确性 …… 13
3.2　时间尺度 …… 19
3.2.1　排除环境与技术方面的动态影响因素 …… 19
3.2.2　包括环境与技术方面的动态影响因素 …… 19
3.3　模型模拟产量 …… 23
3.3.1　产量差距研究适宜模型的特征属性 …… 23
3.3.2　模拟作物产量的气象数据 …… 24
3.3.3　在特定种植系统下的模型产量 …… 28

4　确定基准产量和产量差距的计算方法 …… 29

4.1　方法1：高产田、试验站和种植者竞赛 …… 29
4.1.1　阿根廷雨养农业系统中的向日葵 …… 30
4.1.2　撒哈拉以南非洲的玉米 …… 30

4.1.3 印度的豆类 …… 33
4.1.4 中国河北平原的小麦-玉米双季作物 …… 33
4.2 方法2：以资源和限制因素为参数的边界函数 …… 34
4.2.1 产量差距和水分生产率的差距 …… 37
4.2.2 产量差距和氮吸收量 …… 45
4.2.3 产量差距和土壤约束因素 …… 46
4.2.4 以水分生产率为变量的作物产量函数 …… 47
4.3 方法3：建立模型 …… 47
4.3.1 玉米（美国、肯尼亚）和小麦（澳大利亚） …… 48
4.3.2 东南亚地区的水稻 …… 51
4.3.3 津巴布韦的玉米 …… 52
4.3.4 玻利维亚的藜麦 …… 53
4.3.5 利用气候指标估算潜在产量 …… 53
4.3.6 FAO建立的农业生态区系统 …… 54
4.4 方法4：遥感技术 …… 54
4.4.1 利用遥感技术估算基准产量和产量差距 …… 56
4.4.2 利用遥感技术估算标准水分生产率 …… 57

5 结论和建议 …… 58

词汇对照表 …… 60
参考文献 …… 61
FAO技术报告 …… 74

1 导　言

农作物生产的进步主要来自育种科学和农艺学方面的进展，特别是在种植制度中对于作物种植时间和空间的优化安排。育种科学和农艺学间的相互促进作用被广泛认为是提高作物产量的主要驱动因素，例如谷类作物的矮化基因可以改善作物在生理学方面的性状，特别是干物质在籽粒和茎干间的分布比率，从而提高作物产量，而且和植株比较高的老栽培品种相比，矮秆作物可以吸收更多的氮肥同时减少倒伏。更重要的是，在机械化种植体系中，种植矮秆作物可以将除草剂的作用发挥到更大。如图1所示，政治、经济、环境以及基础设施等因素有可能促进或者阻碍提高产量技术的发展和应用。尽管这些因素非常重要，但不在本书的讨论范围之内，我们也不讨论与作物产量差距相关的政策因素（Sumberg，2012）。

全球农业发展面临的挑战是一个被众多文献详尽分析的主题。在自然资源压力不断增大的情况下，保障粮食安全和实现农业生产的可持续增长是众所周知的目标（Cassman，2012；Connor和Mínguez，2012）。全球陆地总面积是1.3亿公顷，可耕地以及常年种植作物的土地占12%，草原和草场占26%，森林占30%。另外全球32%的陆地是根本不适合发展农业的（FAO，2011）。分析表明，到2050年适合种植作物的土地面积以及可以开发成为作物种植的耕地面积是很小的。从全世界来看，15%拥有灌溉条件的耕地出产了42%的农产品。每年7 100千米^{3}的水用于作物的生产，到2050年，如果全球人口达到90亿，那么要养活这些人口所需要的水量还会增加2 100千米^3（Sumberg，2012；Rockstrom等，2012）。

在农业领域，研发资金投入的重要性获得了越来越广泛的认可，对有限的资金进行合理分配，促进粮食生产增长，是一个至关重要的命题（Sumberg，2012；Connor和Mínguez，2012；Hall等，2013）。在这个方面，可获得产量与实际产量间的差距在粮食生产中是普遍存在的，而且差距往往很大，如何减

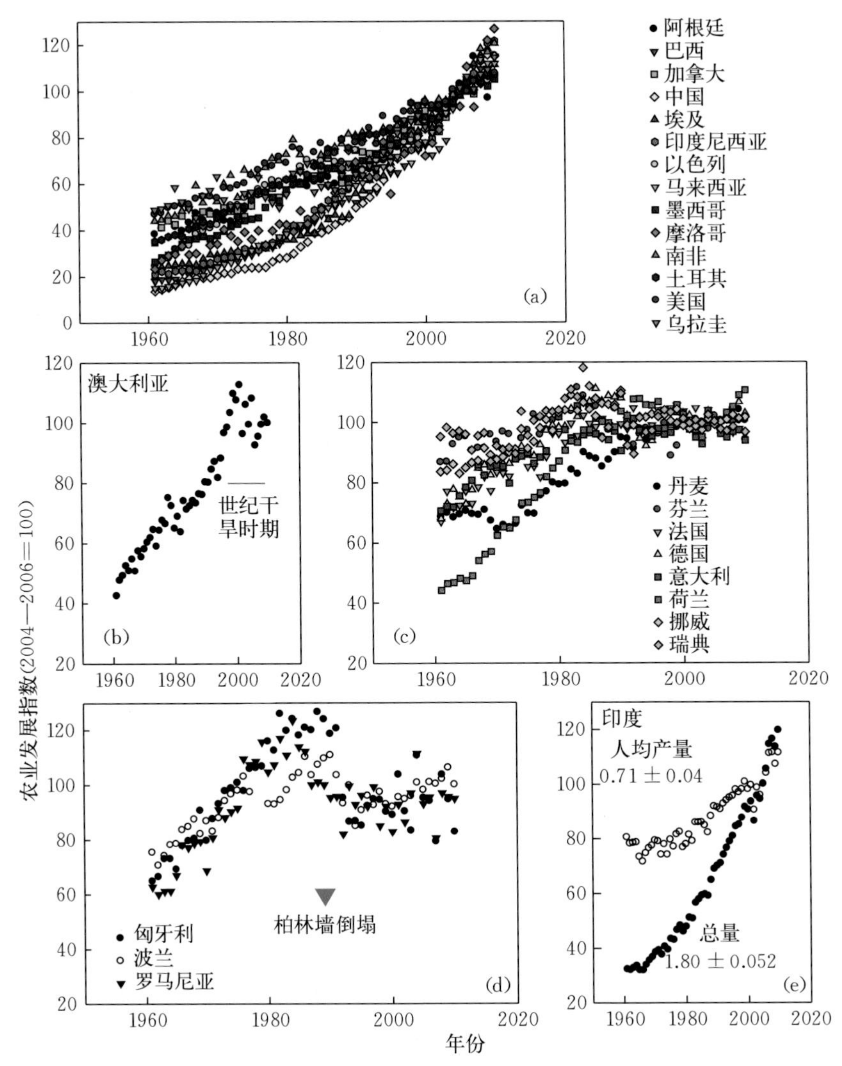

图 1　(a) FAO 的净产量指数的时间趋势（2004—2006＝100），在基础设施和政策均有利于发展和采用新技术的条件下，显示了农业生产力的可持续增长。破坏农业生产力的例子如（b）在澳大利亚东南部的干旱时期，自 20 世纪开始，1997—2009 年年均降水量为 73 毫米，低于平均水平（CSIRO，2011）；(c) 在欧洲结合气候和农艺学因素的农业政策的影响；例如 Peltonen Sainio 等（2009）以芬兰为例，研究欧盟政策对农业技术采用影响的探讨，以及 Brisson 等（2010）讨论的在法国，最近一些年农业生产停滞不前的案例；(d) 东欧政治制度的变化引起的农业生产体系的实质性变化；(e) 显示在印度的情况，虽然农业生产总量急剧增长，然而由于人口增长率很高，人均农业生产率提高速度较慢。

来源：FAO（http：//faostat. fao. org/default. aspx)；2012 年 6 月 12 日。

少这个产量差距，是研究的重要目标。

世界范围内，无论是小规模还是大规模的作物种植，都需要减少产量差距的实际措施。要想在这个方面取得进展，要从以下四个方面进行努力：

（1）在不同的产量水平、不同的生产经营规模和不同的时间尺度下，寻找产量数据的相关定义方法和测量技术。不同的产量水平包括实际产量、可获得产量以及潜在产量，不同的生产经营规模包括田块水平、农场水平、地区水平和全球水平，时间尺度如短时间段和长时间段。

（2）确认不同产量水平间存在产量差距的原因。

（3）寻找可行的农事操作措施，减少产量差距。

（4）制定相关政策，营造一个鼓励采用产量差距减少技术的社会环境。

所以本书的主要目的是对产量差距的分析方法进行总结和回顾，并利用案例说明方法的应用。

本书第二部分重点讲述了作物产量定义的演化历史，由此给出了本书中所提到的作物产量的定义。第三部分主要讨论了在分析产量差距过程中的精确性、定义时间和空间尺度的重要性，以及不同的数据来源和这些数据的可靠性等问题。在这一章里，也对产量差距研究中比较实用的数据模型的特性进行了讨论，包括模型的结构、复杂性、校准、实用性以及输入数据的需求。第四部分是本书的核心，它主要从涉及范围的广泛性、程度的复杂性、输入需求的不同以及相关误差等方面，对产量差距分析的方法进行讨论。书中所举的案例涉及南美洲、北美洲、非洲、欧洲、亚洲和大洋洲等地区，包括了不同种植制度下的各种情况，如灌溉作物和雨养农业区，从自给自足型农业到高投入的现代化种植体系等多种方式。第五部分主要是对基准产量和产量差距分析的方法进行总结和建议。

2 作物产量的定义

2.1 产量定义标准的演变

在人类进入农业社会之前，我们的祖先和其他动物在获取食物方面没有什么不同。对他们而言，产量指从食物中获得的能量与为获得这种食物而投入的能量的比例。当人类开始种植庄稼时，产量的定义就从能量比值变化成了收获的种子和播下的种子的数量比例（Evans，1993）。这个比例非常重要，因为在那些产量非常低的时代，早期农民通常要做出痛苦选择，考虑是将种子作为粮食吃掉还是留下来作下一季种子。这种产量定义的变化，导致那些能满足人类需要、具有竞争力的植物品种被选择出来，比如那些有着丰富的分蘖和分枝，或花序很大或种子籽粒个体小而且种子的休眠期很短的品种（Evans，1993）。在可耕地面积受到很多限制时，单位面积上的作物产量会变成一个作物品种选育的重要标准。

这种作物产量定义的变化，对作物品种选育和演化带来了很大影响。这种变化会导致农民选择那些按单位播种量计算可以获得高产和适应性强的品种，也就是每一粒种子能够生产出更多种子数量的品种，逐步发展进化到被称为“常见作物”的品种，这些品种环境适应性不是很强，但是可以在单位面积上产出更高产量（Donald，1981）。Evans（1993）设想过，作物产量的定义如果再向下一步发展，时间因素就会变得很重要，这时产量就会变成单位面积和单位时间内的产量，单位变成吨/(公顷·年)，这种产量的测量方法将在比较不同种植强度（即每年种植的作物总数量）时显得尤其重要（Egli，2008；Cassman 和 Pingali，1995）。Cassman 和 Pingali（1995）指出，在水稻生产的绿色革命中，水稻种植集约化程度提高，同那些半矮化的水稻品种推广密切相关，因为它们有着更高的收获系数和潜在产量。比如现代水稻的第一个栽培品种 IR8，由于它比传统的品种更早成熟（一般可以提前成熟 30～45 天），因此它在面积上逐渐取代了传统水稻。特别是在南亚和东南亚等水稻种植主产区，这些早熟品种可以将当地的水稻收获变成一年两季。

目前，提高作物种植的集约化程度是一种发展很快并且广泛传播的农业生产技术（Cassman 和 Pingali，1995；Farahani 等，1998；Caviglia 等，2004；Sadras 和 Roget，2004）。在那些温度适宜、灌溉水也足够的地区，种植制度开始逐渐向一年多季的方向发展。这种情况已不仅限于热带地区，对于温带地区，比如阿根廷的潘帕斯，那里的小麦和大豆的双季种植体系已经占据了主导地位。在那些降水或者温度并不支持多季种植的地区，比如澳大利亚南部地区，他们的种植强度也在增加，只不过是以牺牲草原面积作为代价。因此，在考虑作物产量的定义时，如果将“千克/公顷”作为产量的单位，在一些情况下会变得不合时宜。提高种植的集约化程度，有可能会对种植体系中的某一种作物起到提高或者降低产量的效果。Egli（2008）指出，大豆作物产量的提高速率，与当地一年一季大豆的种植面积占一年双季作物种植面积的百分比（一年一季大豆的种植面积/一年双季作物种植面积,%）呈负相关关系（图 2)。让人奇怪的是，在那些可以支持更高复种指数的条件最好的地区，单一作物的产量提高率反而最差。

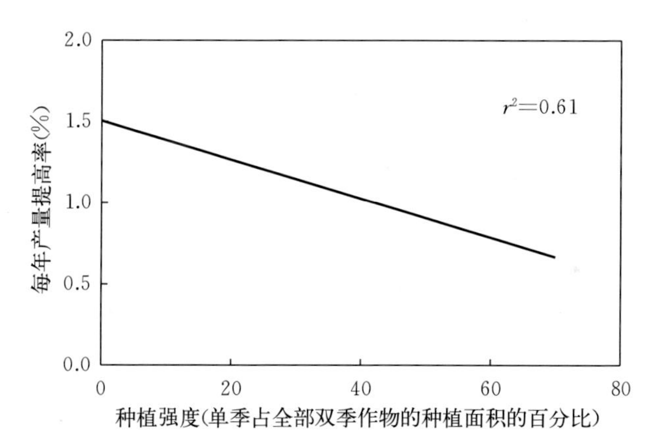

图 2　肯塔基（美国）大豆产量的提高率随着种植强度的增加而下降，显示的值为占小麦-大豆双季种植制度的百分比。

来源：Egli，2008。

衡量种植体系中单独一种作物产量时，如果用“千克/公顷”这种单位来比较主流的农业生产模式和有机农业生产体系也是不合适的。因为某一单独作物的产量并没有把生产有机农业产品所需要的额外的土地、时间、劳动力以及附加的灌溉水的价值等包括在内。将有机农业生产体系和传统农业生产体系进行比较时，只把注意力集中在单一作物的产量上是不合适的，注意力应该放在整个生产体系总产量上。

因此，在衡量作物产量时，把单位面积和单位时间都考虑进去的产量单位是非常重要的。在一年多季作物种植区域进行产量差距分析时，应该考虑整个生产体系和所有构成要素，如 4.1.4 小节就展示了在中国的小麦-玉米双季种植区的一个产量差距分析的例子。

2.2 产量的定义

本书内容集中在所要研究作物的经济学意义上的产量，这些作物可以包括粮食作物、油菜籽、根茎类作物、球茎类作物、糖料作物、纤维作物、饲料作物以及生物能源作物等。单季作物的产量涉及产量损失、潜在产量等一系列命题。有些研究在这个范围内对产量进行了定义（van Ittersum 和 Rabbinge，1997；Evans 和 Fischer，1999；Connor 等，2011），综述这些文献，我们可以列出和产量差距分析相关的一些产量的定义，如图 3 所示。

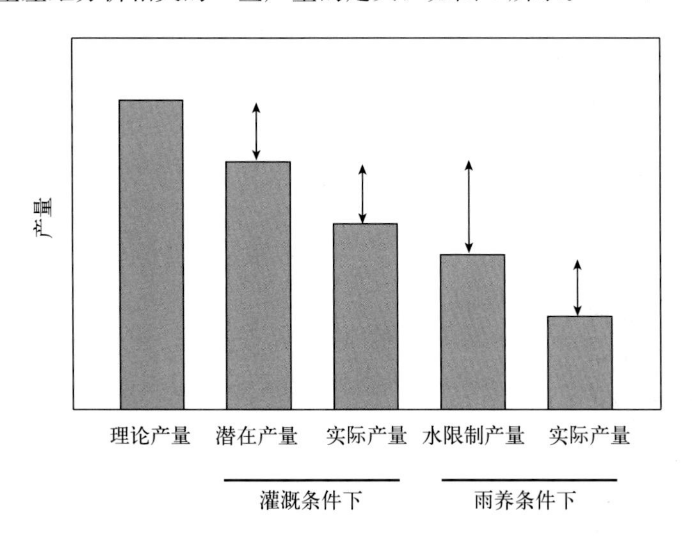

图 3　与产量差距分析有关的产量定义：箭头说明了一些产量差距

来源：Bingham，1967；van Ittersum 和 Rabbinge，1997；Evans 和 Fischer，1999；Lobell 等，2009；Connor 等，2011。

理论产量，指的是根据植物生物量的产生和分布规律等关键产量形成要素计算的，只受到作物生理学特性限制的，种植作物能获得的最高产量。这个产量可以用一些比较完美的符合植物生理学规律的数学模型来进行估算，这些数学模型里涉及一些参数，反映了决定作物产量的植物生理学意义上的边界限制条件。理论产量作为基准产量在育种学上有比较广泛的用途（插文 1），但是考虑到它的农艺学意义不大，本书不涉及对理论产量的深入讨论。

潜在产量，是指一种现有的栽培品种在下述定义的环境中形成的产量：作物生长在适宜的环境中，不受养分和水分的胁迫，而且病虫害、杂草、倒伏以及其他可能影响产量的环境胁迫因素均被很好地控制（Evans 和 Fischer，1999）。在这种情况下，这个品种的作物产量被称为潜在产量。潜在产量与生长的地理位置相关，因为这些地理位置一般和独特的天气状况相联系，但是和所在地的土壤状况无关。从定义中可以看出，已经包括了生理学和化学等特性假设，这里的土壤完全适合该作物生长。影响潜在产量的气候因素包括光辐射、适宜的二氧化碳浓度及温度（Evans 和 Fischer，1999；van Ittersum 等，2013）。光合作用、作物生长和潜在产量均与散射辐射以及大气水蒸气压力亏缺值有比例关系（Rodriguez 和 Sadras，2007）。当灌溉水平能够保证作物的生长，或降水的数量和分布、或者降水与灌溉相结合可以保证作物的产量不受缺水影响时，潜在产量只和作物品种相关。

插文 1　理论产量

产量的生物物理学界限是非常重要的，特别是当我们问有关作物的光合作用和可提高产量之间的关系等问题时，如问题一：现有作物仅从光合作用推算出的产量值和受该品种生理学特性限制推算出的产量值之间的差距是多少？问题二：对作物产量而言，如果提高它的光合作用强度，会有哪些值得期待的增产效果（Parry 等，2011）？

3.3 节列出的模型如 APSIM、CERES、CropSyst 或 SUCROS 可以用来估算理论产量，但是，这些数学模型并没有做到作物真实表现形态的参数化（Lindquist 等，2005）。此外，它们也并不能表示一些比较重要的生理学过程相关要素，如光合作用的生物物理学的限制区间。所以，计算理论产量的数学模型不仅需要合理的生理学和农艺学假设，而且需要符合生理学和农艺学规律的有区间限制作用的参数，这需要在理论上做重大的突破。

按照生物物理学原则，一些学者在推算每天按生物量计算的作物产量上限方面做了研究（Connor 等，2011；Loomis 和 Amthor，1999）。另外，还有一些关于确定收获指数的生理学限制区间的研究（Foulkes 等，2009）。但是，现有文献中还存在着一些问题，其中最明显的是缺乏单独对作物干物质产量和干物质在植物体内分配的研究（Körner，1991）以及二者之间关系权衡的研究。在提高收获指数和减少倒伏之间的关系上（Foulkes 等，2011），有许多约束条件阻碍了研究者从简单的和短期的分析，上升到季节性的对于生长和产量方面的更高层次的分析（Connor 和 Fereres，1999）。

理论产量可以由两个主要的基本原理推出，一是从最基础的方面对产量进行数学建模；二是对作物生理的关键过程的参数上限进行估算，并在作物的数学建模上使用这些理论参数，如太阳辐射光利用效率等。

理论产量受基因型（如冠层结构、收获指数）和非胁迫条件下影响作物发育、生长和资源分配的环境动态因素的制约。已确认的环境因素包括太阳辐射、大气二氧化碳浓度、温度和光照，这些因素调节着作物的生长发育（Fischer，1985；Slafer 等，2009）。最近，环境因素的清单已扩大到散射辐射和大气水蒸气压亏缺值等因素（Rodriguez，2007）。对于给定的辐射量，光合作用随着散射辐射增加而增加，这取决于大气条件和植株冠层性状（Spitters，1986；Sinclair 和 Shiraiwa，1993b；Roderik 和 Farquhar，2003）。甚至有灌溉条件的作物，包括水稻和喜湿润的作物品种，气孔导度和光合速率会随着大气水蒸气压亏缺值的上升而下降（Otieno 等，2012；Ohsumi 等，2008）。在澳大利亚东部的小麦种植带，散射辐射值和大气水蒸气压亏缺值按纬度梯度分布被认为是该地区潜在产量值按纬度梯度分布的部分成因（Rodriguez 和 Sadras，2007）。

除了受到灌溉影响，水限制产量（Y_w）的定义和潜在产量相似，这个产量值受到土壤类型和田块地形的影响，因为土壤类型决定了该种土壤的保水能力和作物的根系深度。这种产量的计算方法与雨养作物的基准产量值相关。

可获得产量指的是通过高效利用现有的技术所获得的最高产量。一些研究表明，可获得产量、潜在产量和水限制产量比较接近（Hall 等，2013）。

实际产量（Y_a）定义为在现有的土壤和气候条件下，一般生产技能水平的农户采用平均水平的农事操作取得的产量。

产量差距指的是两个不同水平产量之间的差距，根据研究主题的不同，产量差距的定义是相互联系的（图 3）。可开发产量差距的定义包括两方面，一方面是要安排好获得潜在产量或者水限制产量的所有要素，这种情况实际上是很难实现的；另一方面是指包括经济、管理和环境等方面阻碍产量提高的限制因素。比如对于农民而言，一般考虑的是在整个农场范围内如何取得最大的收益，同时承担最小的风险，要在两者之间进行权衡，而不只是考虑将某一种作物的产量做到最高（插文 2）。在这种情况下要设定一个因子值，用来对潜在产量和水限制产量进行权重计算，比如对于一般高度集约化的农业生产体系，这个因子值一般定义为 0.8，如果是生产高经济价值的园艺作物，这个因子值可以高一些，而在一些受技术或者经济因素（比如粮食价格）影响的农业生产体系中，这个因子值可以设得低一些。

插文 2　最高产量和水分生产率，这些概念有什么用？

当我们考虑如何将现有的资源（包括土地、灌溉水、养分、太阳辐射、劳动力、资本投入等）进行充分整合利用时，关于产量和水分生产率可以被最优化的想法为上述工作提供了一个看起来非常合理的假设。但是在实际的生产状况下，能取得产量和水分生产率的最高数值的策略一般不是农民所乐于采用的最优策略。因为要达到这个目标，农民采用的操作往往在经济上和环境上是不划算的，或存在很大的风险。为说明这个观点，我们举两个权衡的例子，第一个例子是水稻和玉米氮肥施用过程中水和氮素利用率的关系；第二个例子是和灌溉计划相关的，灌溉水生产率和水稻产量之间的关系。

例 1：基于氮素的水分生产率和氮素利用率之间的权衡

要想获得高的水分生产率需要合适的氮素供应，但是，产量和氮素供应之间服从效益递减规律。因此，当氮素的利用率下降时，需要增加氮素的供应。单独一种因素投入的影响，比如水和氮素投入对于作物的碳、水分和氮素平衡的影响，决定了水分生产率和氮素利用率之间以氮素为主要变量的权衡（Sadras 和 Rodriguez，2010）。这个现象可以通过菲律宾的旱稻和水稻，以及在美国雨养和灌溉玉米的实例来展示（插文图 2-1）。

由这些实例可以看出，最高的水分生产率在一些种植体系中可能会带来过于昂贵的氮肥使用量，对环境也会产生很大的风险，这一点在那些有着比较高的肥料/谷物价格比、氮素容易淋洗的地区，以及那些由于受生物、物理、社会、经济以及基础设施等因素限制而无法充分施用化学肥料的地区显得尤其重要。

例 2：以水分空间为主要驱动因素的水稻产量和水分生产率之间的权衡

Bouman 等（2006）和 Farooq 等（2009）对水稻的水分生产率进行了研究，90％的水稻是生长在有灌溉条件或者依靠降水的低海拔地区。对于这些低海拔地区水稻而言，灌溉水的投入包括土地整理、土地渗流、土地渗漏、水分蒸发和蒸腾等。如果将土壤的渗流和渗滤统一考虑，在重度黏土土壤中水损失可以达到每天 1～5 毫米，而在砂质或者砂质壤土地区水分损失可以达到每天 25～30 毫米（Bouman 等，2006）。如果在灌溉水资源比较缺乏的地区，为了节省水资源和提高水分生产率，需要研发和推广节水农业技术，如旱稻种植技术以及干湿交替种植技术。这些节水农业技术的

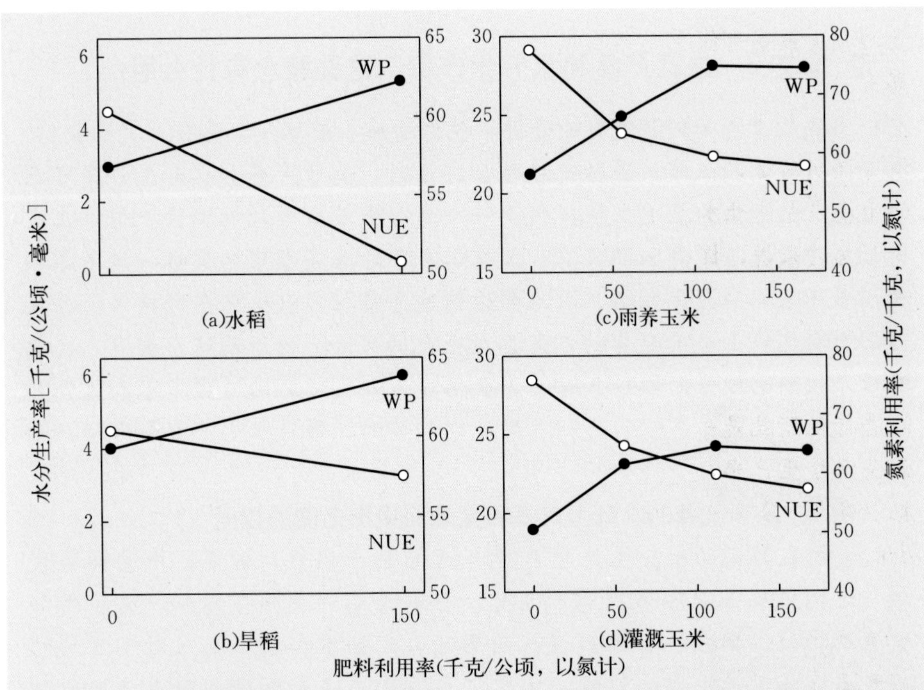

插文图 2-1　在菲律宾的（a）淹水和水稻（b）旱稻的水分生产率和氮素利用率之间的以氮素利用为主要考虑的权衡；（c）美国雨养和灌溉玉米。水分生产率是平均到单位灌溉+降水量（a，b）或单位蒸散量（c，d）的产量值。在所有情况中，氮素利用率指的是单位氮素吸收产生的籽粒产量值（不考虑根部氮素）。

注：WP 为水分生产率；NUE 为氮素利用率。

来源：Belder 等，2005；Kim 等，2008。

原理就是在减少水分投入的情况下提高水分生产率，但是这些节水农业技术在节水的同时往往会带来产量上的损失。

在菲律宾热带环境中生长的旱稻和水稻的比较性研究显示：持续的水分生产率的提高会以产量的损失为代价。与水田相比，旱稻的水分生产率可以达到 5.7～7.4 千克/(公顷·毫米)，但是其产量也会减少到 6.4～5.7 吨/公顷。与此相反，在温带地区的日本，种植的旱稻和水稻的对比研究显示，旱稻在水分生产率上有很大的提高［旱稻 8.3 千克/(公顷·毫米) 对比水稻 3.4 千克/(公顷·毫米)］，而且旱稻的产量没有减少（平均旱稻产量 8.6 吨/公顷，平均水稻产量 8.1 吨/公顷）(Kato 等，2009)。

在菲律宾和印度的东北部地区，通过对大量作物的研究表明，与淹水田的水稻相比，干湿交替种植制度可以提高水分的生产率，但是水稻产量的损失最高可能会达到70%。而在中国和菲律宾的低海拔水稻种植地区，那里的土质偏黏，而且地下水位较高（一般是0.1～0.4米），这些地区的水稻干湿交替种植技术，可以提高水分生产率，同时又不带来产量的损失。值得说明的是，在这些案例中的地区有特别高的地下水位，会在干湿交替的干季中也能让水稻的根部处于地下水层中。

总的来讲，提高水分生产率的农事操作措施是值得推荐的，但是需要进一步在农艺学、经济学和环境方面对采用这些措施的优劣进行权衡。有一些限制是来自于种植体系的作物本身的生理学特征，因此是没有办法突破的。以氮素为主要影响因素的情况下，在水分生产率和氮素生产率之间进行权衡就是一个具体事例。这类权衡会让种植者不会追求不必要的最高水分生产率，但是会对其他一些目标进行考虑，比如更少地使用氮肥以及与之相关的较低水分生产率，同时会在经济和环境方面带来比较小的风险。

如插文图2-2所示，与节水农业技术相关的产量和水分生产率之间的

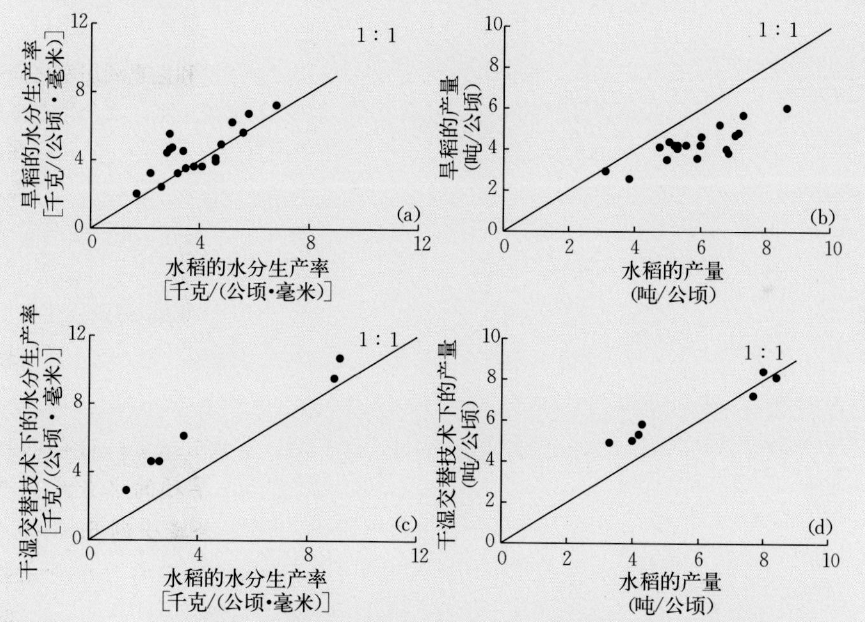

插文图2-2 与在菲律宾季节性洪水泛滥区生产的水稻相比，（a）旱稻的水分生产率水平与之相近或更高，（b）产量与之相比更低。与在菲律宾和中国水稻相比，（c）干湿交替种植技术可以在提高水稻水分生产率的同时，（d）不产生产量损失。

来源：Bouman等，2005；Bouman等，2006。

权衡在这些事例中提供了一些新的信息，那些以减少产量为代价的提高水分生产率的农业节水技术，在一些环境下应该被重新评估。但是，这方面需要进一步研究以确定推广这些节水农业技术的先决条件。

潜在产量和水限制产量之间的差距可以作为产量差距的一个指标，这个指标的影响可以被灌溉措施消除。例如，在玻利维亚旱作藜麦种植区，种植制度研究建立的数学模型显示，这些地区的藜麦产量为0.2～1.1吨/公顷，而在关键生长期采用避免叶片气孔关闭的灌溉技术的藜麦种植区，产量可以达到1.5～2.2吨/公顷，两者相比产量差距大约为1.2吨/公顷（Geerts等，2009）。近来，专家已经将主要的一年生和多年生作物产量对于灌溉量的函数关系进行了总结（Steduto等，2012）。

在图3显示的产量差距基础上，需要进一步说明的是，还有其他产量差距定义，比如研究中基于植物营养管理（4.1.2节）和灌溉制度（4.3.4节）的作物种植技术的比较等。

3 产量差距分析的单位、数据来源和方法

产量差距可以在不同的时间和空间尺度上进行量化分析（Hall 等，2013）。因此在产量差距分析中，所用到的基础数据的准确性和精确性与研究目标的时间和空间单位尺度有密切关系。从空间上讲，产量差距可以在不同单位尺度上进行量化，如从田块水平（French 和 Schultz，1984b）到地区水平（Casanova 等，1999）、国家水平，一直到大的跨国家的生态区域水平（Caldiz 等，2002）以及全球水平（Licker 等，2008）。基于不同地块的产量变化一直是基于特定地点的产量差距分析的重点（Cassman，1999），但是在产量差距分析研究中，对同一地块中的产量变化，还没有人研究。

在产量差距研究中，一些研究者没有特别指出研究所采用的时间尺度；有一些研究则选择了一定长的时间单位尺度，这个时间单位尺度应足够长，可以消除天气变化的影响；但是它又应足够短，使研究不至受到农业技术变化趋势的影响。还有一些研究，特别说明了采用的时间段是与产量差距特点相关的时间单位尺度。如在下一章节将要讨论的，除了田间数据的准确性外，可靠的气候数据、相关的农业生产技术信息以及清晰的前提假设，这些都对正确计算和解释产量差距有重要影响。

3.1 田间实测数据：空间单位和精确性

估计产量差距时，其估算值正确性主要取决于一些对结论支撑关系比较弱的关系数据，这些数据很多情况下是由农民提供的、质量比较好的、低于国家层面规模的实测田间产量数据（van Ittersum 等，2013）。Monfreda 等（2008）和 You 等（2009）将现有的涉及田间产量数据的文献进行了回顾和总结，他

们指出，对于现有的田间产量数据而言，按照空间单位可以分成三个大类：

（1）第一层次的行政区域，如大区、地区、省和国家。

（2）第二层次的行政区域，如城市、县、分区（一般是由第一级别区域分区产生）。

（3）第三层次是在相对比较小的地区通过调查收集到或农户报告的数据。

2000年，FAO利用在第一个层级行政区域，也有部分情况下是第二个层级行政区域的产量数据（FAO等，2006；FAO，2012），将这些数据加上由插值法形成的空间全覆盖的数据，最终形成了现有的全球产量数据库（Monfreda等，2008；You等，2009）。但是，如果需要关于现有作物产量的地理分布，以及它们在时间和空间上的变异等更为详细的数据，特别是在那些灌溉农业和雨养农业并存的行政区，必须要将灌溉区和雨养区作物的产量数据进行区分。一个例子是来自于美国农业部国家农业统计处数据库，它包含许多30年以上长期的县级产量数据，按作物种类和灌溉区域进行了分类。另外，对于当地农业生产条件的深入了解是非常重要的，可以避免误读产量数据。例如由于受到千年旱灾的影响，2000年左右的澳大利亚农业生产数据和平时的偏差非常大（图1）。

在许多急需进行产量差距分析的国家找不到来自第二层级，有时甚至是第一层级行政区域的产量数据（Monfreda等，2008；You等，2009）。例如，You等（2009）在报告中指出只有少数几个撒哈拉以南非洲国家，包括贝宁、喀麦隆、刚果民主共和国、乌干达、赞比亚、莫桑比克能够提供10种以上作物的低于国家层面的产量数据，包括来自国内大区、地区和省级的数据。对于其他国家，比如安哥拉、刚果共和国、加蓬等，只有国家层面的数据。在次国家层面上，提供70%以上数据覆盖的作物种类有：豇豆、豆类、玉米和木薯。在撒哈拉以南的所有国家的作物中，作物的产量数据在次国家层面如区域级以下，大约只有40%的覆盖率。次国家层面的数据，比如来自社区或者分区的数据，对大部分撒哈拉以南国家来说都无法提供。另外一个问题，在许多国家平均产量数据并没有按照作物分类，也就是说他们只是按照一个可能包括多种实际作物的比较笼统的名字而不是按实际作物进行统计，比如谷物、水果、豆科作物和蔬菜（Monfreda等，2008）。目前一些与之相关的项目正在进行，主要目标是获得更详细的按作物种类和分区进行分类的产量数据，比如全球未来发展项目（Global Futures）（http://globalfuturesproject.com/），以及几个国际农业研究中心正在建设的基于农户家庭固定样本调查的数据库。

在许多国家，由于国家层面和次国家层面的平均产量数据是基于估计和普查所得，所以这些产量数据需要和其他独立收集的数据，以及在农场实地测量和监测到的数据进行比较，从而确定这些数据的准确性。例如Wairegi等

(2010) 研究发现，2007 年 FAO 报道的乌干达国家层面的香蕉平均产量为 5.5 吨/公顷，但同一时期在乌干达国内进行的全国范围内主要香蕉产区的香蕉小区试验平均产量为 9.7～20 吨/公顷，FAO 的数据明显低估。在一项范围更为广泛的研究中，Tittonell 和 Giller (2013) 将来自于东部和南部非洲几个国家几种作物的两种不同来源的产量数据进行了比较，他们发现，FAO 提供的国家层面的玉米、高粱、小米以及一些主要豆类作物的产量数据，接近于文献报道中处于中值位置的产量数据；与之相反的是，FAO 提供的木薯和高原香蕉的平均产量数据，则接近于文献报道产量范围内比较低的数据。

Kim 和 Dale (2004) 将一些国家在 1997—2001 年分别来自 FAO 和国家数据库的谷类作物和甘蔗的产量数据进行了比较研究。他们发现，两个来源的数据是接近的，最大的数据差异来自墨西哥的燕麦（差异达到了 33%）以及日本、韩国和墨西哥的水稻。尽管存在上述一些不确定性，FAO 数据库还是为大部分的国家和作物提供了长时间序列内的产量数据，而这些数据在其他途径是找不到的（Tittonell 和 Giller，2013；Kim 和 Dale，2004）。

Grassini 等发现，在同一年和同一县的范围内，对内布拉斯加州自然资源区的大豆和玉米产量数据而言，来源于美国农业部国家农业统计处数据库的数据和来源于农户直接报告的数据有很好的相似性。如图 4 所示，美国农业部国家农业统计处的平均产量数据是基于收获的产量统计的，一般是由每一个县里

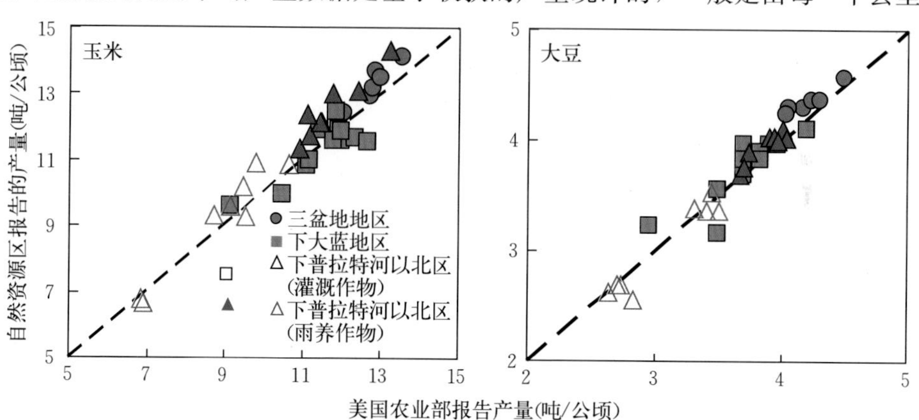

图 4　美国内布拉斯加州自然资源区（NRD）普通农民上报的产量统计和美国农业部国家农业数据统计服务处统计的县级平均玉米和大豆产量数据的比较。

注：数据来自 3 个自然资源区：三盆地地区（2005—2010 年）、下普拉特河以北区（2004—2011 年）和下大蓝地区（2000—2011 年）。在下普拉特河以北区的灌溉作物和雨养作物，分别用实心和空心三角形表示。请注意，在三盆地地区和下大蓝地区没有关于雨养作物的产量数据。虚线表示 1∶1 线。

来源：Grassini 等，未发表。

选出的一些典型代表性农户，在他们报告产量的同时，美国农业部研究人员会在庄稼接近成熟时到田间独立取样并获得数据，同时与统计数据进行比较。在美国内布拉斯加州自然资源区的所有要求上报数据的区域内，农户会将其作物的产量数据与产量分布地图和粮仓收储收据一起，交给当地社区办公室。这些数据是独立的，并且可以对其进行质量控制和检查，从而进一步确定实际产量值的计算和报告方法中是否存在问题，以及进一步改良的途径。

通过对阿根廷两个不同的研究机构提供的小麦、大豆、玉米的面积和产量数据的比较性分析显示，两者之间存在很好的相关性，因为两个来源的数据相关系数很高（即较高的数据精确度）（Sadras 等，2013b）。但是研究也发现不同来源数据的不匹配程度与所涉及地区的面积成反比，这就意味着对一些研究资料而言，比如在计算谷物生产中产量的提高速率时，两个来源的数据都可以得出统计学上接近的结果。类似于估算某一区域的实际粮食产量时，这类问题是不需要对数据的准确性提出太高要求的。

某地的产量差距分析可以从政府、产业部门以及农产品销售合作社的统计数据中获得。当对于农业生产的环境要求变得越来越严格的时候（如水质、濒危生物保护、温室气体排放等），农户会被要求进行更多的标准化的报告。如在新西兰，新西兰国家葡萄和葡萄酒组织要求其所有成员，都要将他们每年的产量调查上报，并将其作为他们参与新西兰可持续葡萄种植项目的先决条件（Campbell，2013）。这样，就收集到了大量高质量的关于产量、面积和农业生产资料投入（如肥料、灌溉水量、农药等）方面的数据信息。这些信息可以为改善田间农事操作和提高灌溉水和养分的利用效率提供参考。同时，也有利于针对多年多点、高生产成本作物的田间种植开展技术研究（Grassini 等，2011）。开展这些研究的一个先决条件是能够收集到足够详细和高质量的数据，如包括田块位置、灌溉计划和其他有意义的农艺信息，同时作为这些数据来源的农户样本应在整个农民群体内具有代表性，并覆盖几个种植季节。农户上报的数据如果能够附上产量分布地图和粮食收储收据等材料，一般来讲可以保证其数据的正确性。在内布拉斯加州自然资源区内，农户数据上报体系就是一个建立高质量数据库的好例子，这个数据库里包括了许多地块连续多年的产量和投入信息（图 5）。如果是一个农户数量足够多的人群，其上报的数据可以为在多个农场范围内，对产量变异和农业生产资料投入的使用效率进行分析并提供支持。而且当这些数据有更多详细的作物数据信息（如整地、灌溉计划、播种时间等）支持时，它们可以用来建议在特定区域内的农事操作上进行改进，从而为提高产量和农业生产资料使用效率，以及降低风险做出贡献（Grassini 和 Cassman，2012）。

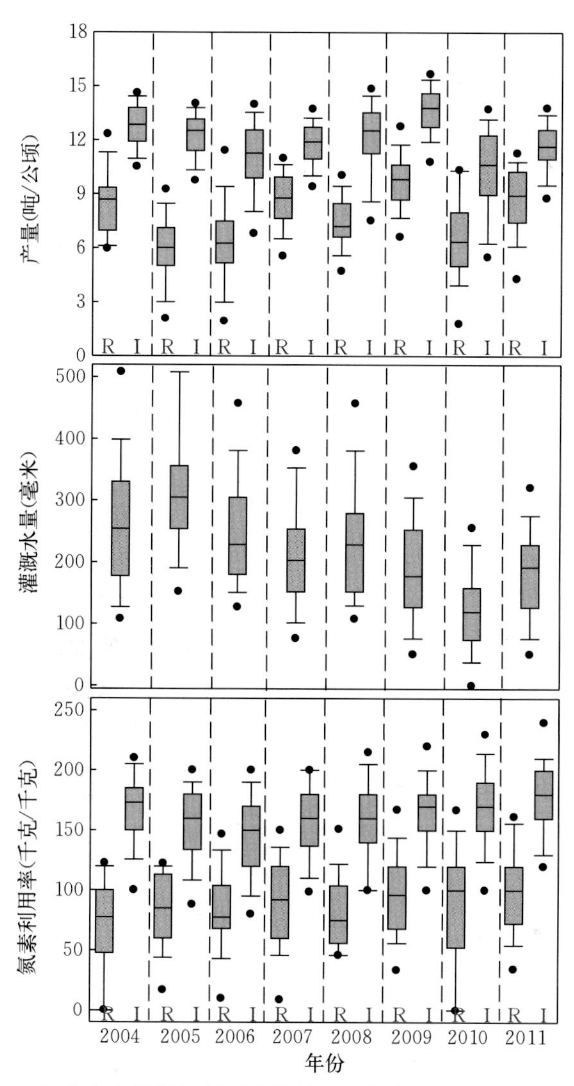

图 5　2004—2011 年在内布拉斯加州下普拉特河北部自然资源区内，取样地块的农民报告的有灌溉玉米（I）和雨养玉米（R）的产量、灌溉水量和氮肥的施用量。

注：平均数（水平线），25 和 75 百分位数（矩形区域），10 和 90 百分位数（短线），以及 5 和 95 百分位数（实心圆）。灌溉和雨养玉米作物跨年度的平均采样数分别为 400 和 50。

来源：Grassini 等，未发表。

说到产量，与其相关的其他重要数据，如肥料使用量等，其可靠性受到数据来源和采样范围的影响。图 6 显示法国 3 个不同组织提供的氮肥使用的数据。除了数据的来源之外，对于种植体系的深入理解也有助于减少对于数据的美化和错误解释现象。为说明这一观点，图 7 显示了在采用直播技术之后，受到立枯丝核菌 AG－8 融合群引起的小麦纹枯病动态。在南澳大利亚州，一般在开始采用直播技术的5～6年之后，这种病的发生会达到顶峰，随后会随着土壤中拮抗微生物的发展而下降（Roget，1995）。在这个案例中，如果将1983—1984年的产量作为取样的数据，那么产生的产量差距要大于在1988年之后取样的数据。图7是在农民田块应用的事例，在地区层面，对于直播技

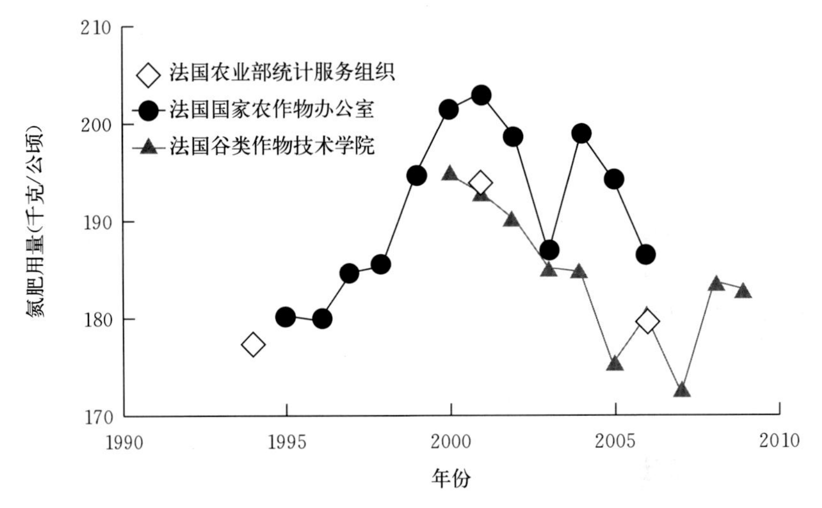

图6　法国氮肥用量变化数据的3个来源：法国农业部统计服务组织、法国国家农作物办公室、法国谷类作物技术学院。

来源：Brisson 等，2010。

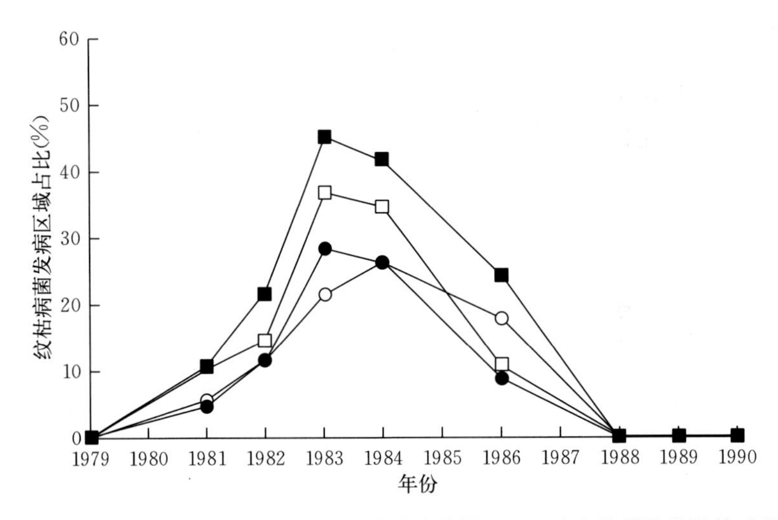

图7　南澳大利亚州直播小麦的纹枯病菌变化情况。和小麦轮作的种植体系类型有：天然草场（实心矩形）、豌豆（实心环形）、苜蓿（中空环形）或单一小麦种植（中空矩形）。误差线取最低显著性差异（$P=0.05$）。

来源：Roget，1995。

术的逐渐采用可能会导致不同的发展模式，这说明数据的不同时间尺度范围对于产量差距的计算有重要影响。下一节将主要对这种变量进行综述。3.3.3 节将以产量差距分析的数据模型为主要内容，扩展说明种植体系的重要性。

3.2 时间尺度

产量差距分析所需时间尺度的定义取决于研究的主要目标，但前提假设必须是透明的，并且能与研究结果的关键性解释相一致。定义时间尺度时要考虑其可以排除或包括环境中的动态成分（土壤、气候、生态系统的生物成分）和技术的影响。例如，随着时间推移，病原体和杂草逐步发展，温度升高，降水减少，土壤营养可被耗尽，所有这些趋势可能会导致产量差距的增加；也有相反的方向变化，如土壤中抑制病害的拮抗微生物群体的建立（图 7），则有助于缩小产量差距。假设在作物生产中，其他一些影响因素如市场和政策的变化，如可以被包含在技术的发展与推广中，则不必单独对其进行分析。

3.2.1 排除环境与技术方面的动态影响因素

估计实际产量所需的年份长短需要权衡，即时间长度要长到足以包含天气变化，而且还要足够短，以避免受到技术和环境变化等趋势的影响（van Ittersum 等，2013）。Calvino 和 Sadras（1999）、van Ittersum 等（2013）以内布拉斯加州灌溉玉米和适宜降水环境下的荷兰小麦为例说明了这一权衡（图 8）。在这两种情况下，5 年产量的变异系数与过去 10 年产量的变异系数相似，最近 5 年的产量足以用来估算平均产量。在干旱的环境下，在内布拉斯加州估算平均产量需要 10 年的数据，而在澳大利亚则需要更长的时间。在这些恶劣的生产环境中，用不到 5 年的数据可能会由于降水量的异常高或低的年份的影响，导致对平均产量和变异系数的估算偏差。最后要注意，较长的时间间隔（如 20 年）可能会受到技术变化（即改良品种和农艺）影响，从而对平均产量和变异系数的估算产生偏差，或者受到可能性较小但真实存在的气候变化的影响，如内布拉斯加州灌溉和雨养玉米以及荷兰小麦的案例。

3.2.2 包括环境与技术方面的动态影响因素

处理时间尺度的第二种方法是明确产量差距随时间的数量性变化。Laborte 等（2012）提出了一种产量差距变化的动态观点，说明了产量差距会随时间变化而变化。研究表明，在较高百分位数下的菲律宾水稻种植者的增产速度要远远高于低百分位数下的水稻种植者的增产速度，因此随着时间的推

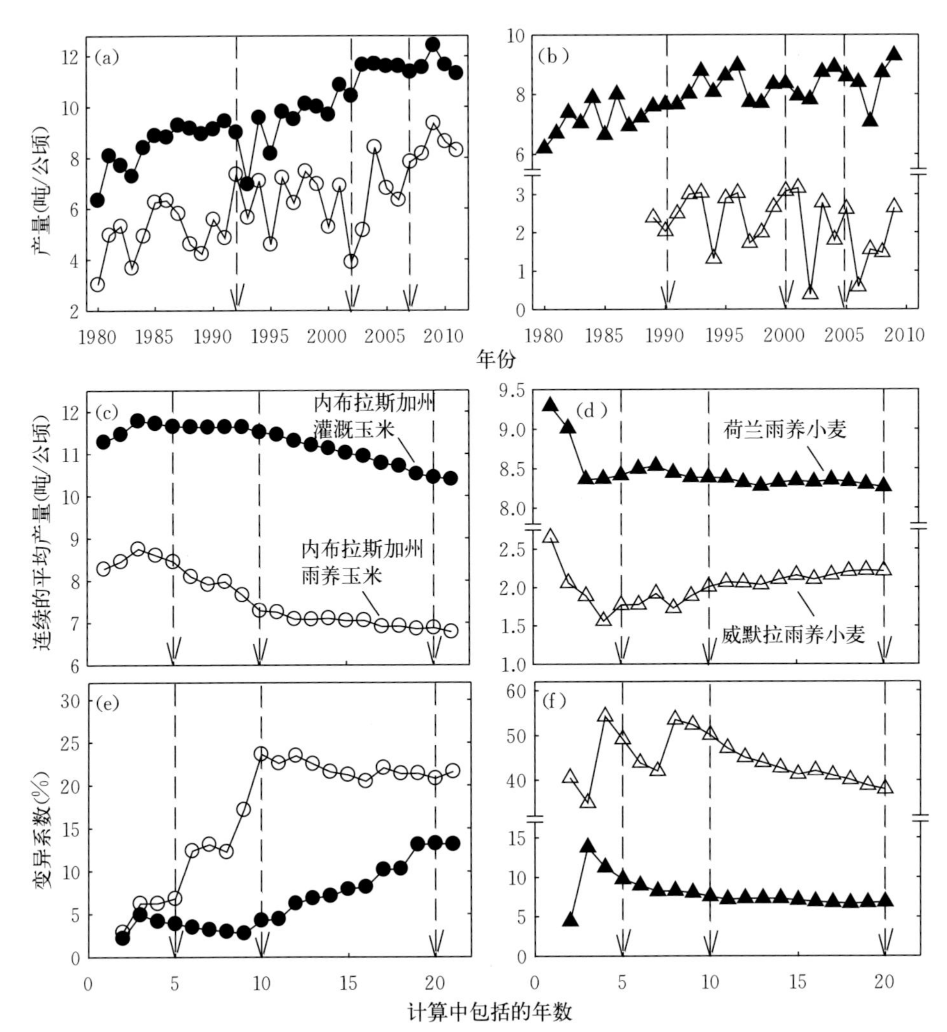

图 8　粮食产量趋势（a）在内布拉斯加州的灌溉和雨养玉米，（b）在荷兰的小麦和威默拉的小麦（澳大利亚东南部）。平均产量序列在（c）内布拉斯加州和（d）荷兰和威默拉，变量的相关系数在（e）内布拉斯加州、（f）威默拉和荷兰计算 1，2，3，…，n 年的产量数据，从最近一年（2011 年内布拉斯加州，2009 年荷兰和威默拉）往前逐年计算。

玉米与小麦产量分别以每千克粮食标准含水量 0.155 和 0.145 千克为准计算。垂直虚线表示最近的 5 年、10 年和 20 年的平均产量和变异系数。

来源：van Ittersum 等，2012。

移，二者间的产量差距会扩大（图 9）。4.3.2 节介绍了本研究的具体细节。

Bell 和 Fischer（1994）比较了 1968—1990 年墨西哥西北部亚基山谷地区有灌溉条件的实际小麦产量和模拟小麦产量（图 10）。实际产量以年均 57 千克/公顷的

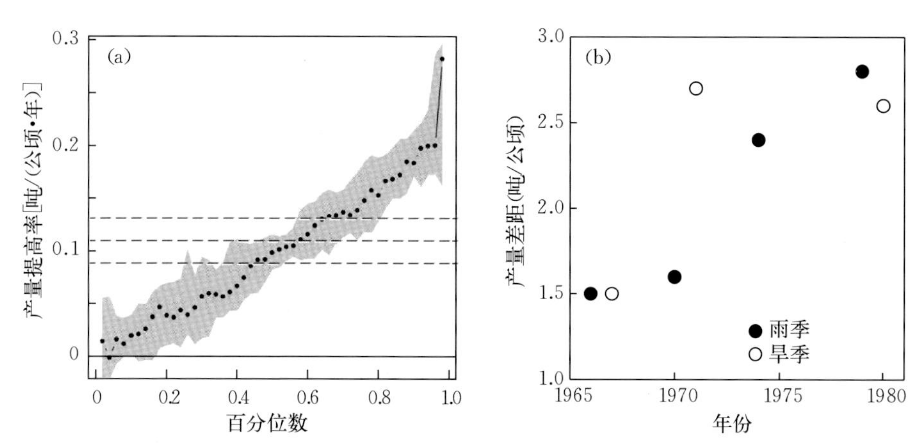

图 9 (a) 1966—1979 年，菲律宾吕宋岛中部，在最高百分位数的种植者的水稻增产率比在较低百分位数的种植者大得多，主要原因是当地农民的最高产量和平均产量间的差距导致了这一结果。在此期间，(b) 的产量几乎翻了一番，(a) 红线代表普通最小二乘法估计和 90%置信区间值的范围。灰色区域指的是百分位数回归法估计的 90%置信区间。

来源：Laborte 等，2012。

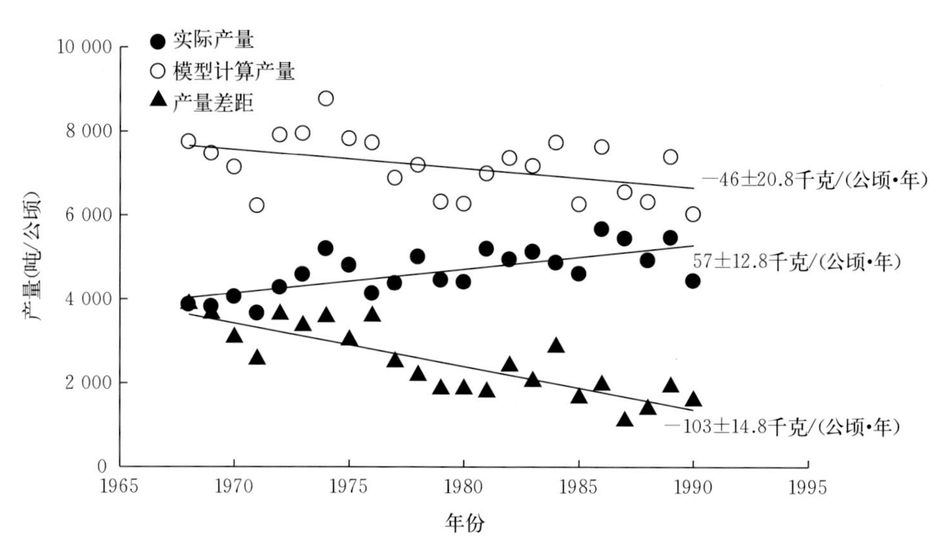

图 10 1968—1990 年，墨西哥西北亚基（Yaqui）山谷灌溉小麦的实际产量、模型模拟产量和产量差距的时间趋势图。模拟产量使用的模型是作物环境资源综合模型-小麦（CERES-Wheat），假设这期间品种或农作管理没有变化。这种模型产量是基于气候相关的潜在产量。

来源：Bell 和 Fischer，1994。

速度线性增长，而基于以气候变化为参数的模型计算出的潜在产量下降趋势为每年 46 千克/公顷；这可能与这一时期的气候温和变暖趋势有联系。因此，实际产量和模拟产量之间的产量差距下降趋势为每年 103 千克/公顷。利用这一动态视角，作者得出的结论是，考虑到温度随时间变化带来的影响，改进作物管理和育种技术后实际产量的增加要高于估算值。

van den Berg 和 Singels（2013）比较了南非 5 个农业气候区甘蔗的实际产量记录和模拟潜在产量。大规模种植者的潜在产量和实际产量之间的差距平均为 33%，小规模种植者为 53%，但在本研究 22 年的时间序列中，发现了产量差距的扩大和缩小的时期，生物因素如玉米螟的发生，可能对这些产量差距的动态变化产生了影响。

Marin 和 de Carvalho（2012）研究了巴西圣保罗州甘蔗实际产量与水限制产量之间的差距，二者差距从 1990 年的 58%降至 2005/2006 年的 42%。2000 年以后，产量差距小于或等于 20%的种植面积显著增加（图 11）。21 世纪初以来，有一些因素，如巴西为缩小产量差距所进行的相关农业技术改进、当地市场汽油与乙醇的价格比例提高以及 2002 年之后巴西生物燃料车辆的大量应用等，均与这种现象的发生有部分联系。

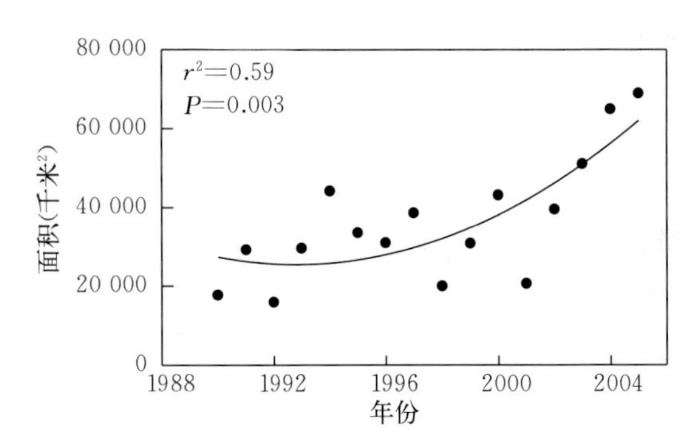

图 11　在巴西圣保罗州种植的甘蔗面积变化的时间趋势，产量差距≤20%。产量差距定义为实际产量与水限制产量之间的差距。

来源：Marin 和 Carvalho，2012。

如果农作物种植技术改进的影响超过了潜在的负面因素影响（例如害虫发生的增加），产量差距会缩小。与之相反，Tittonell 和 Giller（2013）提供了一个负面例子，在科特迪瓦一个 10 年的时间序列中，施肥玉米和未施肥玉米之间的产量差距不断扩大，土壤养分的耗竭也随之增加。没有足够的养分和有机质投入的连作玉米会导致土壤退化和产量差距扩大，从而进一步造成了技术方面（如农民无法采用改良后的玉米品种）和社会方面（如长期贫困）的严重后果。

本节概述的所有案例，从动态视角方面揭示了产量差距的一个重要特征。

3.3 模型模拟产量

如何可靠评估农业技术、土壤、当前和未来气候等因素对粮食生产的影响，取决于我们根据这些因素变化准确估算作物产量的能力。作物产量模型具有通过对作物品种基因型特征、环境和管理之间相互作用等影响因素进行验证的能力，所以这些模型可以帮助估算潜在产量和水限制产量。在这里，我们勾勒出了产量差距分析模型的理想特征，并对以气候数据作为主要数据来源的产量模型中出现的误差进行了详细审查判断。

3.3.1 产量差距研究适宜模型的特征属性

van Ittersum 等（2013）总结了适用于产量差距分析的理想模型特征。这些特征包括能使用以天为单位记录的天气数据、能准确反映影响产量的相关因素（如播种期、密度、品种成熟度等）的能力、生态生理学结构、作物特性、对和作物品种特殊性相关的参数要求不高、能通过实际验证和同行们审核并有公开发表的可确认应用效果、对模型参数有完整说明文档以及用户友好的操作界面等。Rötter 等（2012）的研究进一步强调了特定地方模型校准的重要性。

用每日数据估算不同的产量水平的作物模型依靠假设和建模方法。具有典型的和足够的生理学细节的作物模型可以用来估算潜在产量，这涉及需要假设作物不受水和氮营养的限制。利用实际天气数据、结合一定的频率和强度的水分胁迫来估算的产量，可以被认为更接近于水限制产量（Angus 和 van Herwaarden，2001）。事实上，一些常用的模型如 CERES、APSIM、CropSyst、ORYZA 2000 和 AquaCrop 均适宜于潜在产量和水限制产量值的估算值（Bouman 等，2001；Jones 等，2003；Keating 等，2003；Stöckle 等，2003；Steduto 等，2009）。

选择建模方法，需要权衡两个因素。首先，在结构性错误和图 12 中所表示的误差参数之间存在权衡关系。一般情况下，当模型的真实性和复杂性增加时，与结构相关的误差就会减少，模型复杂度增加的缺点是需要量化的参数个数较多，

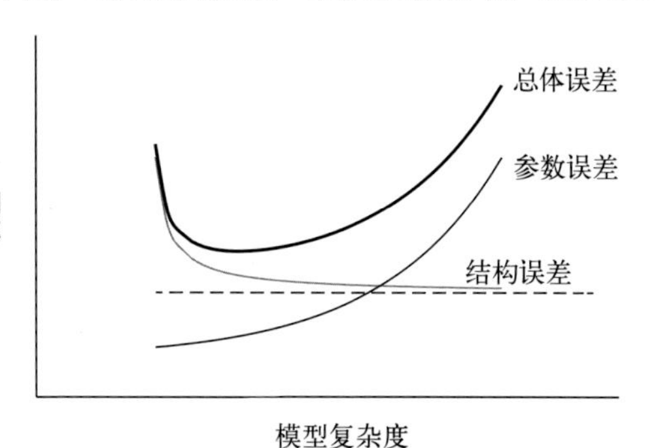

图 12　随着模型复杂度的增加，参数误差增大，结构误差会减小到残余误差极限（虚线）。

来源：Passioura，1996。

而参数导致的误差也随之增加。其次，一方面是应用模型的方便性和适应性，另一方面是数据参数化及模型使用时对数据的要求，这两方面需要进行权衡。

3.3.2 模拟作物产量的气象数据

通常用来模拟潜在产量和水限制产量的模型按最低标准也需要一系列数据，包括每日天气变化数据，如入射太阳辐射、最高和最低温度、降水量和湿度数据（即相对湿度）、实际水蒸气压力、露点温度等。如果没有测量到太阳辐射（通常是没有这个数据），那么可以根据美国航空航天局的农业气候学太阳辐射数据进行模拟，但这种方法在地形复杂（Bai 等，2010）或大气污染的地区无效（Stanhill 和 Cohen，2001）。

农业研究中使用了 30 多个不同来源的气象数据，但很少使用这些数据来模拟产量（Ramirez－Villegas 和 Challinor，2012）。用于模拟潜在产量和水限制产量的不同气象数据库之间的主要差异是：（1）特定地点观测到的数据与网格化数据插值之间的权衡原则；（2）时间尺度长短的分辨率（如以日或月为单位）；（3）空间尺度的分辨率（网格化数据库之间）（表 1）。网格化气象数据在每个空间单元内是均匀分布的，单元格内的值通常是根据网格内坐标和最邻近网格的实际气象站气象数据进行插值计算得出，同时考虑到彼此之间的距离、海拔和其他变量。网格化气象数据具有完全覆盖地理空间的优点，但它们是计算得出的，而不是观测数据。不同作者已经证明，根据以月为单位的观测数据进行插值计算出的模拟产量可能会出现高估的状况，特别是在每日气象情况变化程度高的地区（Soltani 和 Hoogenbom，2007；van Bussel 等，2011）。因此，在所有情况下都应避免对月降水量数据进行插值，否则会导致重大误差。

在许多作物种植地区，每日的气象数据无法通过观测获得到，但可以通过具有完全地面覆盖的网格化全球气象数据库获得。这些数据通常来自全球大气环流计算机模型、插值法产生的气象站数据或卫星遥感地面数据。很少有研究使用网格化气象数据库来模拟潜在产量和水限制产量，并与同一网格位置内实际气象站数据模拟的产量进行验证。

van Wart 等（2013）利用 3 个网格化天气数据库［气候研究中心（CRU）、国家环境预测中心（NCEP）/能源部(DOE）和美国宇航局世界能源资源预测系统（NASA POWER)］的数据来模拟美国玉米带 4 个地点的玉米水限制产量并相互比较（图 13），并根据运行良好的气象站记录的每日数据模拟得出的水限制产量作为对照。他们发现，用作对照的气象站数据模拟得出的水限制产量和基于网格化气象数据库的模拟结果之间的一致性很差，后者具有很强的偏差和较大的均方根误差，在不同地区和年份甚至可以达到绝对平均产量的 32％～46％。

表 1 用于了解当前和未来农业生产力的全球气候数据库的分类状况。在本研究中使用的气候数据库已得到强调

分类	来源	时间尺度	参考数据库和起止时间	地理空间覆盖尺度	报道的变量	应用事例
以点为基础数据	气象台	天	域气候中心（HPRCC）[a]，中国气象局（CMA）[b]，德国气象服务（DWD）[c]（1983—2010）	地区级别	最低温度（T_{min}），最高温度（T_{max}），降水量（Precip），风速（Wind speed），露点温度（T_{dew}），相对湿度（RH），水蒸气压力（Vapor pressure），辐射强度（Radiation）	Sinclair & Rawlins（1993）；Grassini et al.（2009）
			国家海洋和大气管理局（NOAA）[d]（1900—2010）	全球级别	最低温度（T_{min}），最高温度（T_{max}），降水量（Precip），风速（Wind speed），露点温度（T_{dew}），相对湿度（RH），水蒸气压力（Vapor pressure），辐射强度（Radiation）	
网格化数据	利用气象台和卫星的数据计算和插值产生	天	国家环境预测中心[e]（NCEP）/能源部（DOE）（1979—2010）	全球级别（2.5°×2.5°）（~70 000千米^2）	最低温度（T_{min}），最高温度（T_{max}），降水量（Precip），风速（Wind speed），辐射强度（Radiation）	Lobell & Asner（2003）；Twine & Kucharik（2009）
			欧洲中期天气预报中心再分析（ERA）-即时分析数据库（1989—2013）[f]	全球级别（1.5°×1.5°）（~25 000千米^2）	最低温度（T_{min}），最高温度（T_{max}），降水量（Precip），风速（Wind speed），相对湿度（RH），辐射强度（Radiation）	Rötter（1993）；de Wit et al.（2010）
	用气象台数据插值法生成	月	气候研究中心（CRU）[g]，特拉华大学气候数据库（1961—2009）	全球级别（0.5°×0.5°）（~3 000千米^2）	最低温度（T_{min}），最高温度（T_{max}），总降水量（total Precip），湿润天数	Bondeau et al.（2007）；Licker et al.（2010）

（续）

分类	来源	时间尺度	参考数据库和起止时间	地理空间覆盖尺度	报道的变量	应用事例
网格化数据		50年的月平均数据	全球气候数据库[h]（1950—2000）	全球级别（1千米^2）	最低温度（T_{min}），最高温度（T_{max}），总降水量（total Precip），湿润天数，水蒸气压力（Vapor pressure）	Nelson et al.（2010）；Ortiz et al.（2008）
	卫星	天	美国宇航局（NASA）-世界能源资源预测系统[i]（1983—2010）降雨除外（1997—2010）	全球级别（~12 000千米^2）	最低温度（T_{min}），最高温度（T_{max}），降水量（Precip），露点温度（T_{dew}），相对湿度（RH），辐射强度（Radiation）	Lobell et al.（2010）

注：最低温度（T_{min}）、最高温度（T_{max}）、降水（Precip）、露点温度（T_{dew}）、相对湿度（RH）、辐射强度（Radiation）。

a 高平原区域气候中心（HPRCC）。http://www.cma.gov.cn/english/

b 中国气象局（CMA）。http://www.cma.gov.cn/english/

c 德国气象服务（DWD）。http://www.dwd.de/

d 国家海洋和大气管理局（NOAA）。http://www7.ncdc.noaa.gov/cdo/cdo

e 国家环境预测中心/能源部（NCEP）。http://www.esrl.noaa.gov/psd/data/gridded/data.ncep.reanalysis2.html

f 欧洲中期天气预报中心再分析（ERA）。http://www.ecmwf.int/research/era/do/get/era-interim

g 气候研究中心（CRU）。http://badc.nerc.ac.uk/data/cru/

h 全球气候数据（WorldClim）。http://www.worldclim.org/

i 美国宇航局（NASA）。http://power.larc.nasa.gov

特别值得注意的是，使用英国东英格利亚大学气候研究中心（CRU）和美国宇航局数据估算值的平均上升偏差约为 4.0 吨/公顷。水分亏缺值（以播种期至成熟期总降水量和参照作物蒸发量之差）和太阳辐射对用全球气候数据库和对照气候数据库估算的玉米水限制产量之间的差异有很大影响。相比之下，利用美国国家海洋和大气管理局（NOAA）数据库中观测到的每日气象数据和美

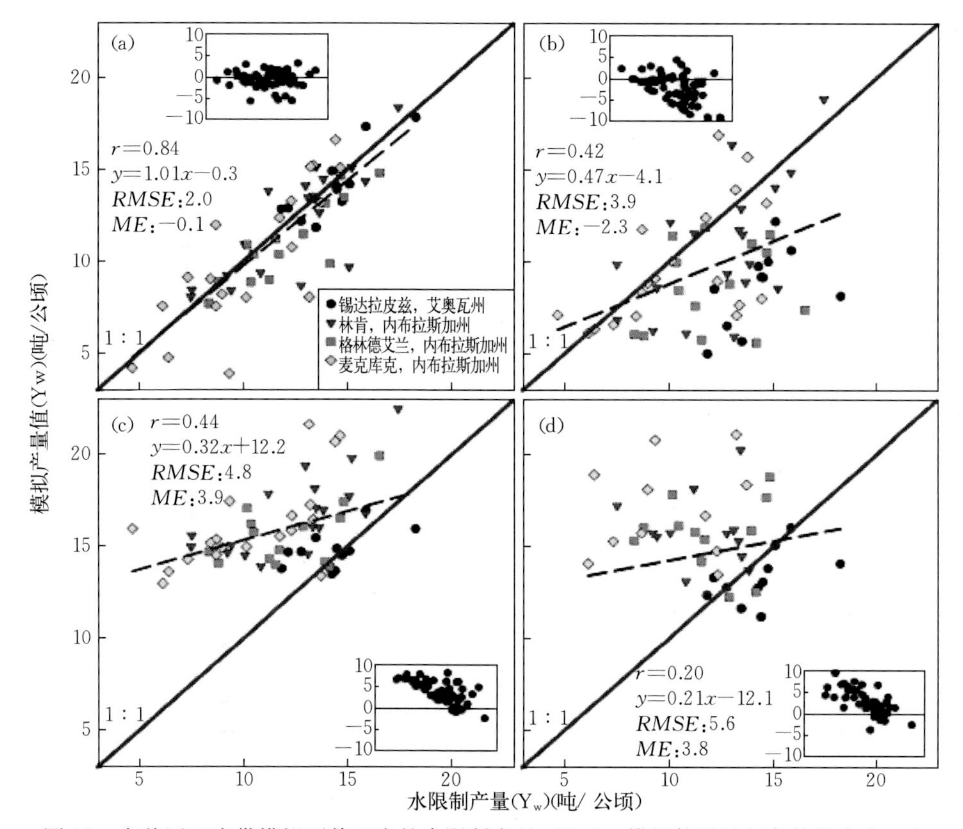

图 13　在美国玉米带模拟雨养玉米的水限制产量（Y_w），模拟使用的气象数据来自 4 个网站：(a) 气象站数据（最高温、最低温、降水、湿度）再加上从美国宇航局全球能源资源预测数据库获得的网格化太阳辐射数据；(b) 美国国家环境预报中心（NCEP）网格化资料；(c) 气候研究中心（CRU）的网格化数据；(d) 基于从高平原区域气候中心气象站（HPRCC）气象数据模拟的水限制产量与美国航空航天局网格化采样区数据。

均方根误差（RMSE）和平均误差（ME）单位是吨/公顷。平均水分亏缺值（单位为毫米，估计值是从播种期到成熟期之间的总降水量和参考作物蒸散量之间的差异）通过以下控制数据确定，控制数据为－42（锡达拉皮兹，艾奥瓦州），－135（林肯，内布拉斯加州），－149（格林德艾兰，内布拉斯加州）以及－238（麦克库克，内布拉斯加州）。表 1 显示了天气数据库的详细信息。

来源：van Wart 等，未发表。

国宇航局的太阳辐射数据模拟的水限制产量与用对照气象数据模拟的水限制产量吻合得更好，二者之间几乎不存在偏差，平均均方根为绝对平均值的16%。

这些研究结果显示，在当前和未来天气条件下，依赖于网格化的全球气候数据库模拟农业生产力会产生的偏差。与之相反，基于特定地点的潜在产量和水限制产量的模拟结果，如辅以适当升级方法，比如扩大为基于农业生态区的计算方法，可能更加稳健可靠，它可以在不损失潜在产量和水限制产量估算值准确性的情况下，实现完全的地面覆盖（van Ittersum 等，2013）。

3.3.3 在特定种植系统下的模型产量

对于一个给定的区域，潜在产量和水限制产量模型可以用来推荐合适的播期、种植密度和品种（品种特性决定了作物从萌芽期到成熟期的时间长短）。然而，播种期和品种成熟期需要满足主要耕作制度的需求。种植系统的“特定内容”在决定作物的适宜生长期方面有至关重要的作用，特别是在热带和亚热带环境中，在同一土地上每年种植两种甚至3种作物。农民会试图最大化他们整个种植系统的产出而不是其中单项作物的收益或利润指标。同样，在机械和劳动力投入受限制或价格昂贵的情况下，对整个农场来说，做到在推荐的播种日期播种可能是不可行的。因此，确认播种日期和生长季节的时间长度与计算潜在产量或水限制产量密切相关。在所有情况下，这些假设必须是透明的，并与计算结果的合理性解释的目标相一致。

用这种方式，Grassini 等（2011）利用目前农民田间管理的普遍做法，模拟内布拉斯加州中南部地区灌溉玉米的平均潜在产量为15.4 吨/公顷。然而，模拟表明，使用较长的成熟期的杂交种和植株高度较高的作物种群可以提高平均的潜在产量，但经过权衡后，农民会放弃采用这些办法，至少在目前的粮食与投入价格比率下是如此。选择较长成熟期品种的相关权衡包括该品种生理成熟前霜冻风险较高、由于潮湿天气和雨雪而难以收获的风险、谷物干燥成本升高、玉米行内间距不一致、更多的倒伏和茎秆折断的情况等。因此，由于种子成本高、株间变异性大，高秆作物品种的产量和经济效益可能会减少，甚至会绝收。因此，基于当前主流农事管理制度模拟的潜在产量，对于始终在如何获得最大净收益与最小风险之间进行权衡的农民来说，可能是一个更有意义的基准产量。

4 确定基准产量和产量差距的计算方法

分析不同产量水平之间产生差距的原因可以用来寻找实际生产中的制约因素，为进一步综合考虑和改进农业生产提供建议。在改善农业生产的前提下，可开发产量差距具有最大的实际用处。在这一部分里，将使用特定案例，综述确定基准产量和产量差距分析的主要方法类型。这些方法涵盖范围广泛，包括不同的复杂度、对输入数据的要求和相关的误差等，并以此将方法分为四大类。

方法 1 将实际产量与农民高产田块、试验站或种植者竞赛中测得的最高产量进行比较。这种类型的比较在空间尺度上受到限制，但却可以成为实际产量和可获得产量之间产量差距的近似值。然而，在最佳农业管理实践不可行的情况下，这种方法可能存在误差；在这些情况下，模型模拟产量会提供更可靠的基准产量值。方法 2 是基于实际产量的比较，但不是使用单一的产量数据，而是用包含一个或几个环境变化因素的简单模型函数，通常使用的是边界函数。与方法 1 一样，这些方法不一定能找到最佳农业生产管理措施。方法 3 的基础是建模，从简单的气候指数模型到中等复杂度模型（如 AquaCrop）到高复杂性模型（如 CERES）。方法 4 涉及各种方法，包括遥感、实际数据、地理信息系统和复杂程度各异的模型。这一方法主要用于空间范围较大的区域。

4.1 方法 1：高产田、试验站和种植者竞赛

农民田间的基准产量可以参考各种资料来制定，包括邻近表现最好的农田作物产量、试验站的产量或在类似土壤、地形、气候和生物条件下的农民生产竞赛中的最高产量。

4.1.1 阿根廷雨养农业系统中的向日葵

Hall 等（2013）给出了在阿根廷地区一级至国家级的雨养农业中的向日葵的基准产量。根据专家意见，将 225 万公顷向日葵种植区划分为 8 个分区。在每个分区内，报告产量的地区的产量占该分区总产量的比例最大时，该地区报告的产量可以用来估计每年该分区的平均实际产量。竞赛性产量试验的平均产量被用作每年每分区的可获得产量。这些可获得产量接近水限制产量（第 2.2 节）。各分区获得适当数据的年数从 5 年到 9 年不等。所有分区的实际/可获得产量间的差距都很大，两者比值为 20%～77%，而各分区的平均实际产量在 1.52～2.25 吨/公顷。在整个国家一级，实际/可获得产量差距为 0.75 吨/公顷，相当于国家平均产量 1.85 吨/公顷的 41%。

8 个分区中的 5 个也有个别其他地块的产量数据。这些分区中个别地块的平均产量显著低于通过竞赛性产量试验得出的可获得产量，但商业化种植程度最高的前 10%农户的产量（可获得产量的另一种估计方法）与试验得出的可获得产量差别不大，或略高于（在 2 个分区）从竞争性产量试验中估算得出的可获得产量值。报告还按第三种方法估算了分区平均可获得产量，即在每个分区报告的按产量排名的前 95%的小区产量，按年份和区域进行聚类分析计算。这些方法中估计值不允许用来计算每年度的实际产量和可获得产量之间的差距值，因此低估了 8 个分区中的 4 个分区在竞赛性产量试验中的可获得产量值，以及可以从单独地块中得到数据的 5 个分区的可获得产量值。将不同方法估算出的可获得产量值之间的对比是有用的，它可以作为评判上述三种方法优劣的标准。

从整个分析中产生了一个重要的附加信息，表明环境（包括田间农事管理）因素的空间和年际变化对可获得产量值有重要影响，但利用模型估算的可获得产量值忽略了这一点。这一点在分别由分区上报产量数据、竞赛性产量试验数据和个别商业种植农场提供的数据等不同来源构成的数据库中表现得很明显。这里需要作出更多的努力来了解这种变化的原因，特别是空间尺度对实际产量/可获得产量之间差距估值的影响。

4.1.2 撒哈拉以南非洲的玉米

Sileshi 等（2010）在试验站和农田，比较了投入无机养分和有机养分情况下与对照（不投入）相比获得的实际玉米产量。这项研究目标是研究在不同的立地条件下，施用无机肥和有机肥处理的产量差距，有机肥来自不同种类的绿肥还田，绿肥种类有猪屎豆属绿肥、油麻藤属绿肥、田菁属绿肥、灰毛豆属绿肥、格力豆属绿肥等。对于在某一地点或某一特定季节的每一种养分投入情况下，都有上报的相应的连续生长多季玉米产量，因为没有外部养分输入（可作为空白对照处理），所以可以构成一对试验处理（试验处理和空白对照处理）。表2概述了所涵盖的国家数量、研究案例数量、从文献中收集到的所有有成对数据个数和每种处理中估计产量差距所需的可靠参数。这一分析没有使用存在产量差别等级的地块，而这种地块经常被用于产量差距分析（第2.2节）；相反，这个点对点的产量差异指的是在特定研究条件下，使用定量的养分投入条件下，种植的玉米与对照处理之间的产量差异。

表2 不同的土壤肥力管理投入的玉米籽粒产量（吨/公顷）的基础统计数据和可靠的参数估计（缩尾化均值和变异系数）

	对照	化肥	猪屎豆属绿肥（*Crotalaria* spp.）	油麻藤属绿肥（*Mucuna* spp.）	田菁属绿肥（*Sesbania* spp.）	灰毛豆属绿肥（*Tephrosia* spp.）	格力豆属绿肥（*Gliricidia sepium*）
国家数量	12	13	11	12	7	9	5
研究案例数量	110	71	39	45	42	28	14
从文献中收集到的所有成对数据个数*	473	346	214	242	262	177	114
估计平均数	1.4	3.9	3.3	2.8	2.9	2.0	3.3
95%置信区间	1.3～1.4	3.7～4.1	3.0～3.6	2.6～3.1	2.6～3.1	1.6～2.2	3.0～3.6
变异系数（%）	69.3	46.3	54.4	59.4	67.2	67.3	43.0

* 从文献中收集到的所有成对数据个数。多数文献报道的数据对应于一个以上的季节和地点，而且在相同条件下有多于一个的处理。

来源：Sileshi 等，2010。

尽管该品种玉米的遗传特征潜在产量可达10吨/公顷，但大多数情况下实际产量不超过8吨/公顷。在使用推荐肥料情况下，超过8吨/公顷的概率小于3%，而在75%的情况下，即使加上所有养分投入，产量仍然小于5吨/公顷。无机肥料可以增加产量，而且相对于空白和有机氮处理，可以降低其相关变异系数。然而，农民的产量收益却比研究站低而且产量波动变化很大。这些差异可能是由于不可控因素造成的，如研究站的环境条件较好，或研究站的管理做法较严格，如在播种日期、行距、除草、施肥量和病虫害防治方面比普通农民的田间操作更为规范和科学。

更精细的统计分析还表明，产量差距的变化随海拔、平均年降水量和土壤类型（包括土壤黏土含量）的不同而变化。虽然施用推荐化肥投入量的处理在强风化黏磐土上的产量普遍高于其他土壤类型，但该施肥处理和对照处理相比的增产量却最低（图 14）。“饱和土壤肥力”效应可以解释强风化黏磐土施用无机肥料的低收益。产量差距变异（由 95％置信区间表示）在强淋溶土和强风化黏磐土上最高，而在低活性淋溶土上最低。产量在强淋溶土的高变异性可归因于其对养分降解的敏感性（Stocking，2003）。总之，分析表明，豆科绿肥提供的有机养分投入可能会对养分投入反应敏感和土壤水张力较小的土壤类型产生很大的影响。

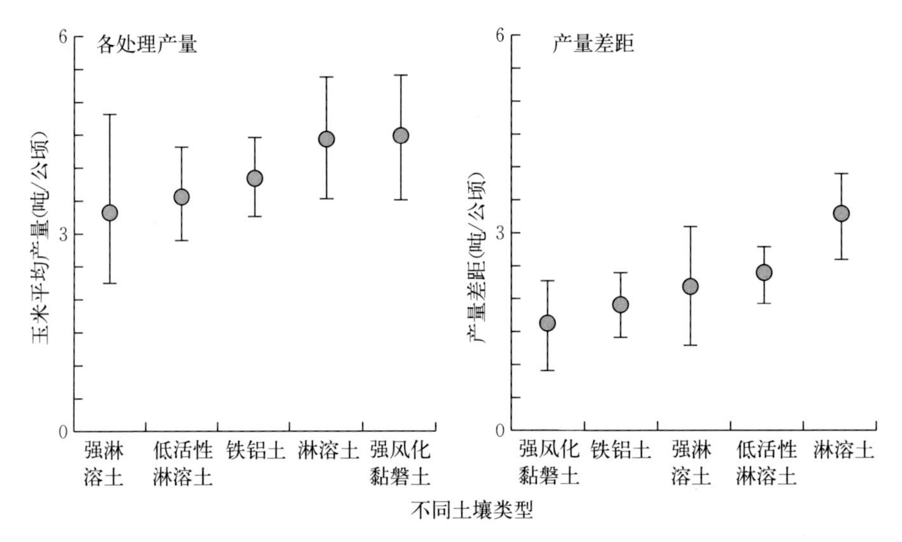

图 14　在撒哈拉以南的非洲地区，在不同土壤类型上，玉米施用肥料的平均产量和产量差距的变化。竖线表示 95％置信区间。

来源：Sileshi 等，2010。

在某些情况下，产量差距随海拔、年平均降水量和土壤黏粒含量的不同而变化显著。例如，对于无机肥料种植的玉米，产量差距的部分预测结果与土壤黏粒含量和海拔高度有很强的二次相关关系。在海拔低于 600 米或高于 1 300 米，及土壤黏粒含量低于 20％或高于 40％的地区，95％置信区间呈现负值。95％置信区间范围也会有扩大，表明在这个范围之外使用无机肥料的风险越来越大。同样，对从绿肥中获得有机氮的不同土壤类型，其土壤黏粒含量不同而导致的产量差距也很显著，这些绿肥包括猪屎豆属绿肥、田菁属绿肥、灰毛豆属绿肥等。

产量差距也会随空白处理所显示的总体生产能力的不同而变化。对照产量在小于 2 吨/公顷时，施无机肥料产量可以达到 8 吨/公顷；而对照产量大于 2 吨/公顷时，施无机肥料产量则保持在 4 吨/公顷以下。

4.1.3 印度的豆类

Bathia 等（2006）分析了印度大豆、花生、鹰嘴豆和豌豆的区域性产量差距。他们比较了试验站、最佳农场和整个地区的实际产量。这一研究工作的一个特点是，为每个产量类别都计算出了平均、最大和最小产量，并用于产量差距计算（图 15）。用来计算这些产量差距的信息来源是不同的。当识别产量差距的假定原因时，区分不同来源数据是特别重要的。例如养分供应的不同可能是导致最大产量差距的原因，即在更有利生长的（湿润的）季节中获得的产量差距比产量较低季节时产生的产量差距更大。在极端气候的季节里，分析确定产生特定产量差距的原因对于田间风险管理是重要的，如果找到这种原因，在气候较适宜的季节里也可用来改进种植技术以增加收益。

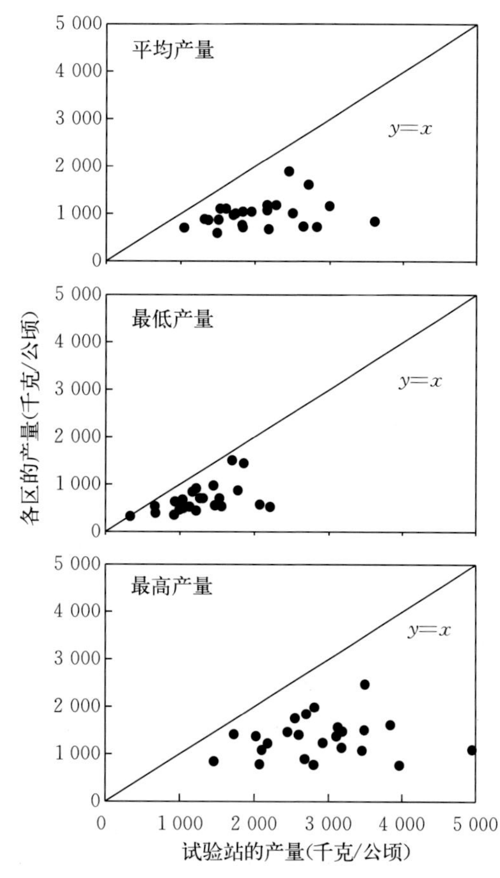

图 15 印度农业试验站和印度各区花生平均产量、最低产量和最高产量的比较

来源：Bathia 等，2006。

4.1.4 中国河北平原的小麦-玉米双季作物

大多数基准产量研究侧重于单一作物。Liang 等（2011）是针对双季作物进行研究的少数例子之一。本研究是基于对河北平原 6 个地区 362 个农民田块的调查，其中小麦-玉米双季作物是该种植系统中最重要的组成部分。利用一个季节的调查数据，计算最大产量、平均产量和最低产量，并将这些产量分别与①同一季节的模拟产量，②种植者田间的试验产量进行了比较；试验由研究人员设计和管理，采用推荐的高产做法。这项研究的作者将模型化的产量定义为“气候因素影响的潜在产量”，这与依灌溉水供应情况而定的 Y_p 或 Y_w 的定义相对应（第 2.2 节）。

小麦、玉米和小麦-玉米双季种植体系下最佳农民的产量接近田间试验产量，为模型估计的潜在产量的78%～89%（图16），表明对最佳农民而言，几乎没有可开发的与可获得产量之间的产量差距。单季作物和整个种植体系的平均产量和最佳产量的差距都在30%左右。根据访谈和实地观察，Liang等（2011）分析确认了基于农业和社会经济方面产生产量差距的原因，例如，由于缺乏共用灌溉设施，因此大部分农民无法按照农时在小麦拔节期进行适时灌溉。

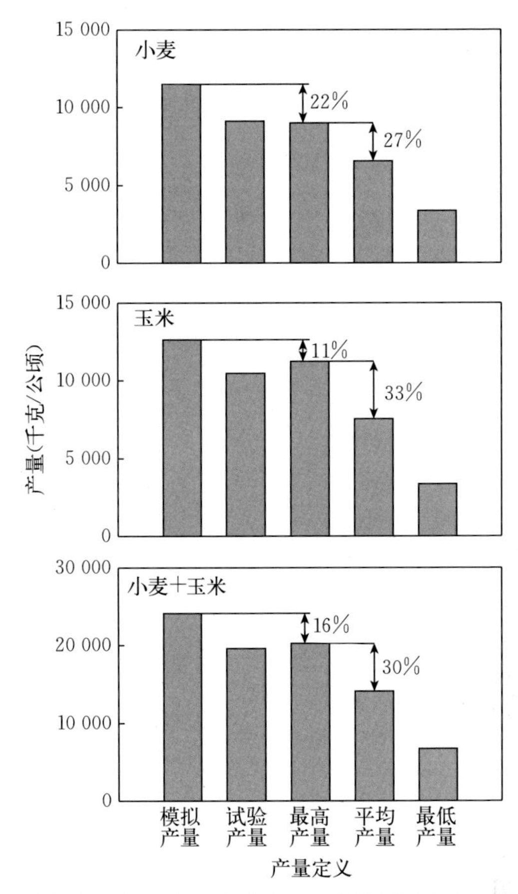

图16　在河北平原的小麦-玉米双季种植区的产量差距分析。产量是用模型计算出的潜在产量，实验产量在种植者设计的农民田间试验中测量得出，最大、平均和最小产量来自调查结果。

来源：Liang等，2011。

4.2　方法2：以资源和限制因素为参数的边界函数

作物产量被看作一个函数，这个函数反映了作物以一定的效率吸收和使用资源，同时以非资源性的约束条件来调节作物的生长、形态发育和生理变化（图17）。为了兼顾资源和非资源的影响因素，有研究者提出了基于边界函数的方法（插文3）。边界函数用于与资源相关的，主要是与水（4.2.1节）、氮（4.2.2节）和土壤（4.2.3节）等约束条件相关的基准产量的计算。

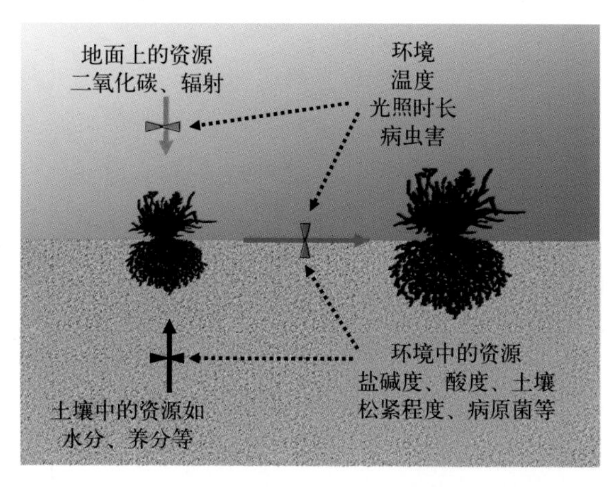

图17　作物生长和产量取决于对资源（二氧化碳、辐射、水分和养分）的利用和效率，以及影响作物生长、形态发育和生理变化的环境因素。

插文3　边界函数

产量差距的成因是存在一个或多个限制作物产量的因素（例如水分和养分供应）。生物物理系统中的这种限制效应有时可以用Webb（1972）首次提出的边界函数来估计。他在评估草莓果实体积大小时发现，当对照果实数绘制产量图表时，浆果的重量总是在线性增长的边界以下或附近。他建议，边界代表果实数对草莓重量的限制作用，而边界以下的测量值则受到其他如缺水等因素限制。自那时以来，边界线已成为广泛使用的用于反映生物数据限制性映射关系的数学模型，包括几个涉及作物产量的例子（Casanova等，1999；French和Shultz，1984）。

大多数用于拟合边界线的方法都是临时性的。在某些情况下，仅用眼睛画出一条线。其他方法依赖于使用任意选择的阈值来选择数据的子集，然后使用最小二乘法（Webb，1972）拟合边界线。在某些情况下，利用生理学或农学原理对边界函数的参数进行推导（4.2.1.1节）。

因为它们缺乏一个基本的统计模型，所以这些方法受到批评。第二个批评是不恰当地使用边界线的情况经常出现。例如，在边界线模型不具有生物学意义（即当我们不期望自变量限制因变量时），或由于边界附近的数据量不足导致难以估计边界线位置（即当数据太少或其他限制因素普遍存在时）。Milne 等（2006a，2006b）建议通过以下方法解决问题：①一种确定适宜边界条件的客观方法；②通过特定数据集的数据来评估模型是否适宜的评价方法。

Milne 等的方法（2006a）假设数据服从一个截尾双分支正态分布，其中边界曲线确定了截尾数值，利用极大似然估计法估计参数分布情况。与许多其他使用所有数据点来拟合边界曲线的方法不同，这种方法仅采用主观选择的部分数据集。截尾数值分布的参数包括描述数据模型的二元正态分布的参数、函数边界的参数，例如，对于直线函数 $y=ax+b$，函数边界参数就是 a 和 b，以及描述函数边界相关变化的参数（σb）。后者（σb）代表的是测量误差，因此 σb 也就成为一个表明我们对函数边界条件位置的确信程度的指标。参数估计的置信区间数值由费雪信息矩阵（Fisher information matrix）计算得出（Milne 等，2006a）。在拟合参数之前，要在统计模型中定义边界曲线的方程（如直线、抛物线等）。对数据进行的人工检查和利用相关生物学知识都有助于选定边界曲线的类型。为了评估边界函数模型（即截尾数值分布）描述数据的可适用性，分析人员可以将其结果与二元正态分布函数结果相比较（Milne 等，2006a）。二元正态分布函数模型是一种与对边界参数进行一定假设的模型不同的、没有任何假设的模型。有截尾的模型与没有截尾的模型相比拥有更多的参数。通常，数据拟合度会随着参数的增加而提高。考虑到这一关联，我们使用阿凯克信息论准则（AIC，1973）对模型进行比较，该准则是基于对简约性和拟合度之间进行权衡，从而对模型的数据拟合能力进行评估的方法。

AIC 的计算公式为 $AIC=-2\ln M+2p$，其中，M 是最大似然值，p 是模型中参数的个数。AIC 值越小，模型越合适。

插文图 3-1 是一个边界函数模型，用于拟合全球范围内干旱环境下小麦作物蒸散量和产量数据。除了模型的线性度，没有在事前做其他假设，同时使用了整个数据集，Milne 等（2006a）的方法返回了一个 95% 置信区间（−3.412，−1.504）的斜率为 24.6 千克/(公顷·毫米）的函数曲线，这与依靠生理学原理推导出的斜率为 22 千克/(公顷·毫米）的函数曲线有可比性（第 4.2.1.1 节）。

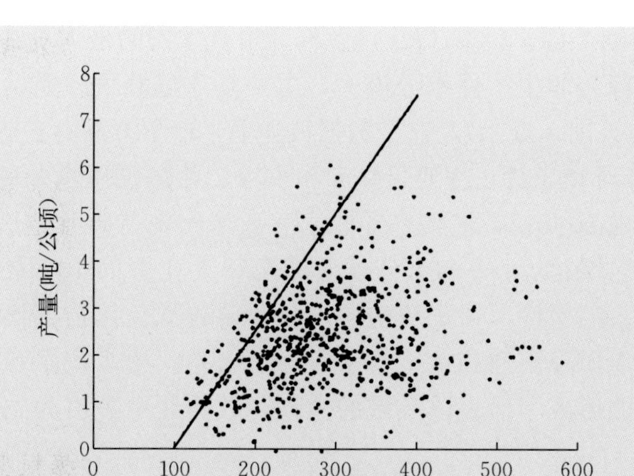

插文图 3-1 用 Milne 等人的方法拟合线性边界函数的例子（2006a，2006b）。数据是在中国、欧洲的地中海地区、北美洲和澳大利亚的实际产量与估计的蒸散量数值，由 Sadras 和 Angus 编译（2006）。假设了一条形式为 $y=ax+b$ 的边界函数线。参数估计值为 95%置信区间（0.020，0.030），$a=0.025$；95%置信区间（−3.412，−1.504），$b=-2.458$。在边界函数线附近的变量，当置信区间（0.791，1.151），$\sigma b=0.971$，根据阿凯克信息论准则，边界线模型比二元正态模型更好地描述了这一数据。

4.2.1 产量差距和水分生产率的差距

这种方法是由 French 和 Schultz（1984a；1984b）在澳大利亚的雨养小麦研究中率先采用的，最近在世界各地的一系列雨养和灌溉种植系统中得到应用。该方法适用于整个季节的水分利用计算，也可仅限于作物生长的特定关键时期。

4.2.1.1 雨养小麦体系

French 和 Schultz（1984a；1984b）在澳大利亚东南部研究小麦基准产量时，确定了实际产量与可获得产量之间差距的田间管理和环境方面的原因。在这里，我们概述了相关概念，并更新了雨养小麦的基准产量定义方法。这些作者用小区试验对小麦产量和作物蒸散量（ET）的关系进行研究，他们估算了在不同地点和季节播种期的土壤含水量以及生长季节内的降水量，并拟合了一条具有与小麦生物学特性参数相关的函数曲线（图 18a）：

$$Y_w = TE_Y \cdot (ET - E)$$

Y_w 为水限制产量，斜率 TE_Y 可解释为粮食生产的最大蒸腾效率，而 x 轴截距 E 可被解释为非生产性水分流失，主要是土壤蒸发。原始研究的特征斜率为 20 千克/(公顷・毫米)，这个数据得到了生理学方面的支持。作者认识到 x 轴截距取决于环境条件，主要是降水和土壤，并建议在澳大利亚东部种植作物的 x 轴截距在 30～170 毫米。例如，30 毫米代表更典型的北部地区，在那里的小麦生长季节中，小麦的水分供应涉及很大比例的土壤水，而相对较少涉及大规模降水的事件。在土壤初始水分普遍较低且作物依赖于冬季降水的南部地区，小规模降雨和当地土壤水入渗能力差、地表积水和径流等因素的综合结果，可能形成了代表该区域的模型函数曲线中数值为 170 毫米的 x 轴截距。

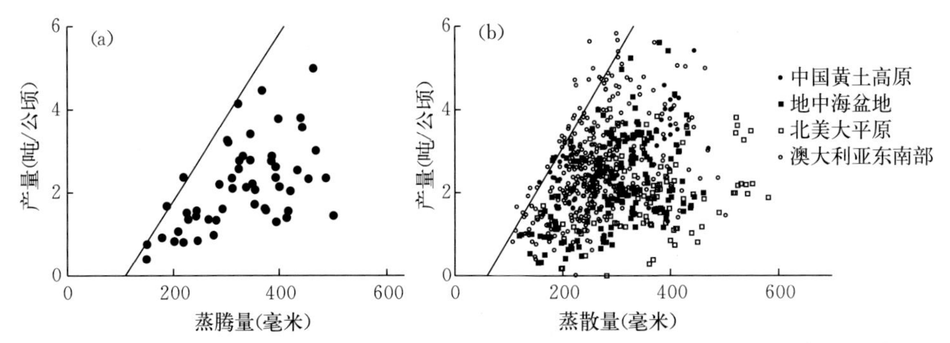

图 18 (a) 斜率＝20 千克/(公顷・毫米) 和 x 轴截距＝110 毫米的边界函数 (实线)，代表着一组特定的作物，具有南澳大利亚州自然环境和作物品种特点。(b) 上述函数模型加上一个更新后的斜率＝22 千克/(公顷・毫米) 降水和 x 轴截距＝60 毫米，适用于一个大 (n＝691) 的数据系统的作物群体，这些数据由全球 4 个气候干燥环境的作物群体数据构成。

来源：Sadras 和 Angus，2006。

与任何经验模型一样，这些参数需要根据实地情况校准，并且应避免那些超出了可测量的适用性范围的外推。例如，在有利于高生物量生成和高收获指数的条件下，如大气蒸汽压力亏缺值较低、散射辐射比例高、辐射温度比率高、二氧化碳浓度高以及扬花季节前后可用水的比例高等，这些条件均可能导致反映单位蒸散量与可获得产量的关系函数的曲线斜率更大 (Abbate 等，2004；Rodriguez 和 Sadras，2007；Sadras 和 Rodriguez，2007)。

x 轴截距变化的主要环境来源是土壤特征 (French 和 Schultz，1984a，1984b；Ritchie，1972)，以及降水分布的季节性变化和雨量分布。例如，对于在“土壤储水量/季节性降水量”这一比率较高时，函数曲线的 x 轴截距较小 (Sadras 和 Rodriguez，2007)。影响季节性土壤蒸发的其他因素主要有：改变冠层与土壤之间辐射能的分配等措施，具体包括耕作和留茬管理、调节行距和播种密度、生长季节早期植株冠层扩张速率以及受品种和管理影响的植株衰亡速率等（Cooper 等，1987；Monzon 等，2006；Richards，2006）。

有四大要素强化了 French 和 Schultz 模型的可靠性和在农学意义上与雨养小麦基准产量计算相关的概念：第一，斜率为 22 千克/(公顷・毫米）和 x 轴截距＝60 毫米的这条线为来自世界不同地区的大量作物提供了一个合理的上界（图 18b）。第二，French 和 Schultz 的简单边界函数，与涉及数十个参数和需要输入每日天气变量的更复杂的模拟模型生成的边界函数相一致（O' Leary 和 Connor，1996；Angus 和 van Herwaarden，2001；Asseng 等，2001；Sadras 和 Rodriguez，2007；Hochman 等，2009）。事实上，French 和 Schultz 模型通常被认为是对更精细模型的粗略检查。第三，澳大利亚小麦育种工作记录表明，150 年来小麦实际产量与蒸腾比率数值紧密相关，对这些数据利用模型计算的原始估计值 20 千克/(公顷・毫米）和当前估算值 24 千克/(公顷・毫米）之间有密切一致的关系，提高了我们对这一参数的数值和解释它实际含义的信心（Sadras 和 Lawson，2013a）。第四，Milne 等的方法（2006a；2006b）适用于图 18b 中的数据集计算得出的参数，即使在没有进行先验性假设的情况下，得出的参数也与 French 和 Schultz 模型得出的参数一致。

总之，French 和 Schultz 的做法是可靠的，尽管没有考虑降水和用水的季节性动态变化。这种方法由于其简单性而吸引人们采用，并且只要根据当地条件对参数进调整，得出的估计值不一定比基于每日数据的更为复杂的作物生长模型中得出的估计值更差。

在这两个参数中，斜率可以被认为是稳定可靠的数值，并且在第一种方法中被视为作物特有的常数，而对于 x 轴截距，则应该小心地求出其合理值。French 和 Schultz 的做法一直局限于澳大利亚，但最近在世界其他地区和作物上进行的试验表明，这种做法具有更广泛的普适性（第 4.2.1.2 至 4.2.1.4 节）。这一方法有助于标定可获得产量与用水量的关系，而所需投入相对较低，只需要测定土壤含水量的初始值和最终值以及生长季内降水量，以估计蒸散量和实测产量。French 和 Schultz 型边界函数也可以使用 CropSyst、CERES 或 APSIM 等模型，或者结合实际数据和模型来导出数值，如结合实际产量数据和蒸散模型方法导出数值。

4.2.1.2 非洲低成本投入种植体系的谷子

Sadras 等（2012）汇编了已发表的谷子产量和用水量数据，其中大部分来自西非萨赫勒地区，这些数据通常与国际半干旱热带研究中心（ICRISAT）的资料有联系。来自埃及（一个更接近非洲环境的地区）和代表了高投入的种植系统的美国数据，也被应用在分析中以供比较。在萨赫勒地区收集的 58 种作物中，单位水分利用率的谷子产量平均为 3 千克/(公顷·毫米)(图 19a)。谷子的单位蒸腾量的产量在碳四作物中最低，而且有较低的收获指数。然而，考虑谷子低收获指数时，需要对粮食生产和有价值的作物秸秆量生产之间的权衡加以考虑。例如，印度一些广受欢迎的地方谷子品种的株高超过 3 米，尽管其粮食产量相对较低，但由于它们提供的饲料数量大，因此受到重视。

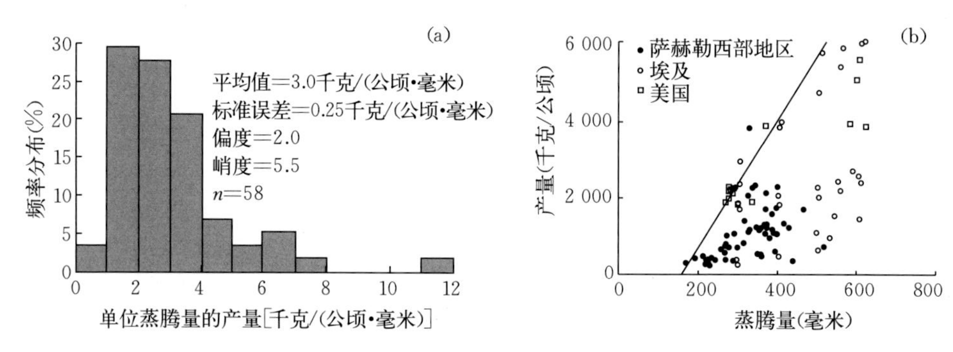

图 19 (a) 萨赫勒西部地区，每单位季节性蒸腾量的谷子单位产量的频率分布，(b) 萨赫勒西部地区的作物产量与耗水量的关系，与埃及和美国的数据进行了比较。实线段斜率=16.7 千克/(公顷·毫米) 降水，x 轴截距=158 毫米 (RockströM 等，1998)。

来源：Sadras 等，2012。

一个斜率为 16.7 千克/(公顷·毫米) 的边界函数描述了谷子的水分生产率的上限 (图 19b)。这一边界函数适用于用水紧张的萨赫勒地区，也适用于埃及和北美洲等更有利的种植环境。萨赫勒地区的大多数谷子作物产量远低于这一边界函数。环境、管理和植物相关的因素导致萨赫勒地区谷子水分生产率低下。低土壤肥力、稀疏播种的作物，其平均地面覆盖率也通常较低，即峰值叶面积指数通常低于 1，或在更密集的系统中低于 2。这反过来又导致非生产性土壤蒸发的增加。沙质土壤易结壳，有利于形成间歇性径流和深层土壤的淋洗排水。事实上，一系列的实验和模拟研究汇集在一起得出结论：在这些环境中的生产受水的限制要小于受土壤肥力、农艺和投入的限制，因为成熟时土壤中往往有残余水，大量的非生产性水分损失很普遍，养分胁迫往往比水分胁迫更严重 (Sadras 等，2012)。

4.2.1.3 阿根廷雨养种植体系的向日葵

Grassini 等 (2009a) 利用西潘帕斯地区商业种植作物 4 年数据库 ($n=169$；农场大小为 21～130 公顷)，探讨了向日葵籽粒产量与季节性供水的关系。研究对象只包括生长在深层土壤上，没有明显的物理或化学因素限制其根层发育的作物。在小块田块（56 米^2）开展的施肥研究中收集的数据也包括在分析中（n=231）。每个田块每年水分生产率计算为粮食产量与季节性供水量之间的商，其中供水为初始土壤水分加上季节性降水，在供水范围内划定最大产量的边界函数的斜率为 9.0 千克/(公顷・毫米)，x 轴截距为 75 毫米（图 20a）。这一数字的显著特点是：①许多作物的供水量大于该地区最大预计累积蒸散量（630 毫米）；②在给定的水分供应情况下，产量差异很大；③平均而言，农民的产量低于边界函数；④农田粮食最高产量（4.9 吨/公顷）接近于现代杂交种在可获得潜在产量生产条件下所报告的产量。

单位供水的平均农田产量为 1.1～8.0 千克/(公顷・毫米)。在西潘帕斯地区研究得到的边界函数也为其他一些地区的降雨和有灌溉条件的向日葵作物（图 20b）提供了合理的上限，这些地区包括地中海盆地（黎巴嫩、西班牙、土耳其）、北美大平原和澳大利亚等其他半干旱环境地区。虽然这些作物是在良好的管理下种植的，但大多数数据点都低于边界函数。产量差距与土壤蒸发量高、大气蒸发量大、生长周期特别是作物关键时期的降水不及时有关。根据供水范围将作物分成 3 种，以更精确地查明造成产量差距的农艺和环境因素（Grassini 等，2009a）。

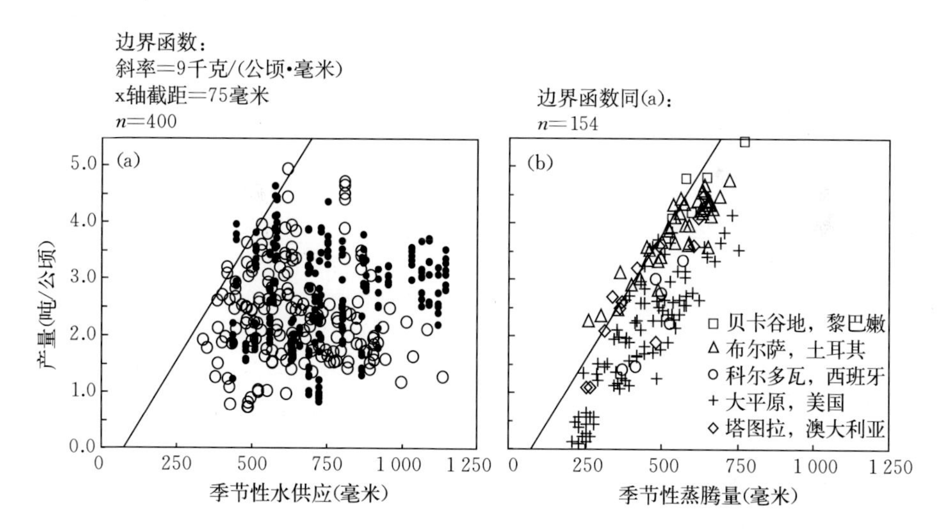

图 20 (a) 在西部潘帕斯地区，分别在农民田间（空心圈：n=169）和小区肥料试验（实心圈：n=231）上进行的向日葵产量和农民田地季节性供水的关系。供水包括播种期的土壤含水量和播种期到成熟期之间的降水。(b) 在澳大利亚、黎巴嫩、西班牙、土耳其和美国的向日葵作物产量和蒸散量之间的关系。

来源：Grassini 等，2009。

4.2.1.4 美国灌溉体系的玉米

Grassini 等（2009b）从美国内布拉斯加州三盆地自然资源区内的商业灌溉农场收集了 3 年的玉米产量、施用灌溉量、灌溉系统和氮肥利用率的数据（$n=777$；农场平均大小：46 公顷）。根据播种期的土壤含水量＋播种期至成熟期降水＋灌溉水量可以得出该生长季节的供水量。利用美国西部玉米带 18 个地点的产量和供水模型，推导出了一个边界函数〔斜率＝27.7 千克/(公顷·毫米)，x 轴截距＝100 mm〕和平均值计算函数〔斜率＝19.3 千克/(公顷·毫米)，x 轴截距＝100 mm〕。

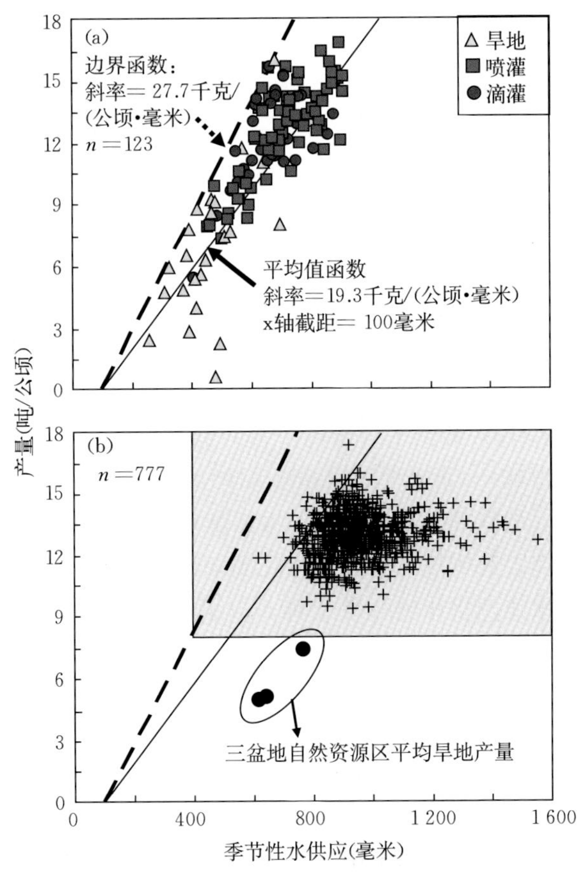

图 21 (a) 在美国西部玉米带的接近最优化管理种植技术下的玉米产量与季节性供水量（播种期的土壤含水量、播种到成熟期的降水量和灌溉水量）之间的关系。该数据库包括内容广泛的环境和灌溉计划；没有一个农田有明显的作物营养供应限制，也没疾病、虫害、杂草或冰雹。(b) 内布拉斯加州自然资源区三盆地地区农民的灌溉玉米产量为季节性供水的函数（＋）。三盆地地区县级雨养区玉米平均产量也在图中做了比较（•）。

来源：Grassini 等，2011。

边界函数定义了在供水范围内的最大产量，平均函数反映了太阳辐射、气温、大气水蒸气压亏缺值和供水季节变化引起的某一年供水量的变化。对照数据来源于已报道的在美国西部玉米带有良好管理田块的产量和水分供应数据，边界函数和平均值函数均被证明可以提供可靠的基准值（图 21a）。平均而言，20%农民的产量低于平均基准产量值，但也有约 4%的案例接近甚至超过了这一标准值（图 21b）。在供水超过 900 毫米时，粮食产量没有增长性反应；有相当比例的田块（占所有田地比例的 55%），水供应量超过了900毫米，900毫米水供应量是能获得最高产量的供水量的最小数值。

灌溉水分明显过量与播种期土壤水分的有效性以及从播种期到成熟期的降水量相关性较弱，而与灌溉施用量相关性较强。野外调查的灌溉条件下的作物的水分生产率变化范围为8.2～19.4千克/(公顷·毫米)。平均水分生产率在灌溉区要高于雨养区［灌溉区为14.0千克/(公顷·毫米)，雨养区为8.8千克/(公顷·毫米)］。

圆形喷灌条件下的农田水分生产率（13%）高于重力灌溉下的农田。2005年、2006年和2007年，单位灌溉量的平均产量值中，圆形喷灌平均粮食产量为44、62和77千克/(公顷·毫米)，重力灌溉平均粮食产量为28、36和42千克/(公顷·毫米)。当这些数值通过每年的平均降水量产量值（5.1、5.2和7.5吨/公顷）修正后，在2005年、2006年和2007年，圆形喷灌条件下，水分生产率为27、37和32千克/(公顷·毫米)，在重力灌溉条件下水分生产率为18、21和18千克/(公顷·毫米)，二者产量都变得相对稳定。每单位灌溉量产生的ΔY值高，不仅反映了作物日益增加的供水需求，而且反映了灌溉作物和雨养作物（例如植物种群、养分投入）在农艺管理方面的差异。因此，雨养作物的可获得产量和水分生产率均低于灌溉作物（图21b）。

4.2.1.5 产量形成关键期的产量形成与水分生产率的关系

Calviño和Sadras（1999）在阿根廷潘帕斯开展大豆基准产量的研究，这个研究的时间段位于种植技术快速变化和采用新技术的时期，包括采用第一代转基因（抗除草剂）品种的种植。研究的目的是以不断变化的技术作为参照，研究这些新技术对产量的影响，并查明实际产量与可获得产量之间差距的原因。新技术包括采用新品种和农事操作新作法。4年来他们在农民田间收集了每年多达30～35种作物的产量和降水量数据。这一工作的周期足够长，可以覆盖所有重要的降雨过程，而且这一工作的周期也不算特别长，从而可以满足这一期间内农业操作技术不变的假设条件。为了加强这一假设，他们还采用了额外的标准来缩小作物取样的范围，例如固定行距、缩短播种期窗口、缩小成熟作物采样组的选择范围。以每个季节产量最高的3种作物作为水限制产量的衡量标准，他们拟合了边界模型（图22）：

$$\mathrm{Yw}=a+b(1-\mathrm{e}^{-cW})$$

其中，a、b和c是经验参数，W是2月份的降水加上1月份降水量的结余；a是估计出的在$W=0$时的产量，$a+b$是可达到的最大产量值。类似于French和Schultz的模型之处，该模型建立了一个与可用水量相关的边界函数。与French和Schultz的模型相比，该模型的参数不能用生物物理过程来解释，只能用能达到的产量来解释。另一个与French和Schultz模型不同之处

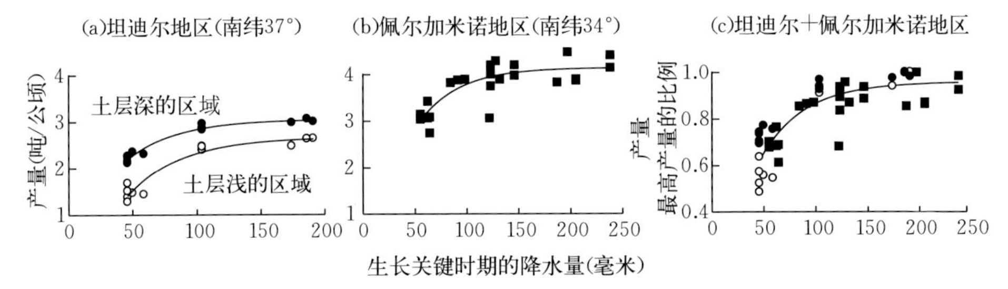

图 22　在结荚期和结实期，大豆的可获得产量与降水之间的关系：(a) 在坦迪尔（Tandil）地区土层深和土层浅的区域；(b) 在佩尔加米诺（Pergamino）土层深厚区；(c) 坦迪尔和佩尔加米诺的联合数据。曲线是：(a) 土层深的区域，$y=0.25+2.79(1-e^{-0.0258x})$，土层浅的区域：$y=-1.15+3.81(1-e^{-0.0240x})$；(b) $y=5+4.7(1-e^{-0.0259x})$，(c) $y=-0.059+1.02(1-e^{-0.0242x})$。

来源：Calviño 和 Sadras，1999。

是，这个模型能够反映作物产量形成的最关键时期的生理学原理（Andrade 等，2005），例如，模型不使用整个季节的用水量，而是将驱动因素变量限制在 2 月份这一典型的豆子和谷物的生长窗口期。

Calviño 等（2003）采用了类似方法研究阿根廷潘帕斯的玉米基准产量。他们在坦迪尔用连续 3 年时间收集了来自 216 种商业作物的产量数据，以 3 年为时间尺度的原因是为了满足农事操作技术保持稳定的假设，同时采用特定的标准来缩小农艺措施影响的范围。在开花前 30 天到开花后 20 天这一玉米产量形成的关键时期，选择 15％的最高产量数据对边界函数进行拟合。利用独立数据对该边界函数进行测试，并将之用于估算与浅层土壤相关的产量差距（图 23）。图 23 中的双箭头突出表明，分别在低强度和高强度的降雨条件下，土层浅和土层深的田块之间的产量差距较小，与土壤水存储量关系不大；当土壤的保水能力在二次降雨之间的干旱期发挥作用时，这个时间段内土层浅和土层深的田块之间的产量差距较大。

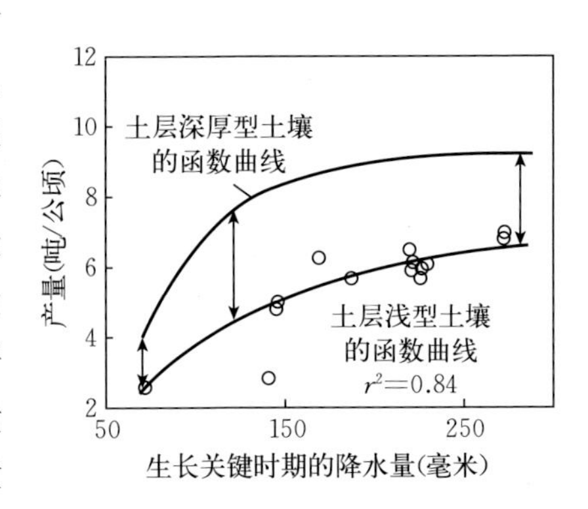

图 23　在决定粮食产量的关键时期，在典型的土层深厚的黏淀湿润软土和土层较浅的石化钙积强育湿润软土（0.5～0.7 m）地区，玉米可获得产量是降雨的关系函数。这里决定粮食产量的关键时期是开花前 20 天和花后 30 天。双头箭头表示不同土壤类型的产量差距。

来源：Calviño 等，2003。

4.2.2 产量差距和氮吸收量

以氮素获取为基础的基准产量与农艺学、经济和环境等因素相关，特别是与能源和化肥价格不断上涨以及社会上对氮的淋溶和温室气体排放高度关注有关。

Savin 等（2006）分析实际小麦产量与氮素吸收量之间的关系，调查了地中海和非地中海环境中氮素利用效率的假定性差异（图 24）。边界函数在地中海环境中显示出的氮素利用率较低，这个可能与小麦处于灌浆期间时温度较高有关。图 24 中的曲线是经验性的，类似于分析水和产量关系的函数（4.2.1.1 至 4.2.1.4 节），它们说明了一种作物产量和主要养分资源的季节性吸收量之间的关系。实际产量与可获得产量之间明显的产量差距，很大程度可以从谷物籽粒的氮含量不同来解释，这限制了这个模型在计算基准产量上的应用（Savin 等，2006；Ciampitti 和 Vyn，2012）。

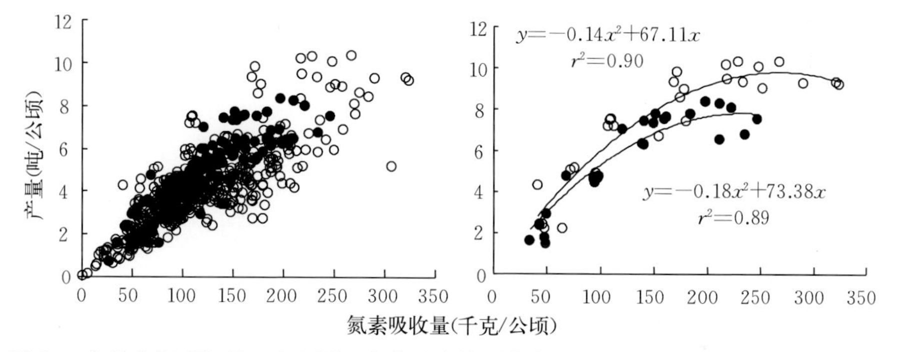

图 24 在地中海型气候（实心圈）和非地中海型气候（空心圈）下，实际小麦产量是与季节性氮量吸收相关的函数。左边的数字显示了一个从 SCI 杂志发表的论文（$n=630$）中摘编出来完整的数据集，右边显示了 50 千克/公顷的氮吸收量条件下的 5 个最高产量值。

来源：Savin 等，2006。

Hochman 等（2013）使用一种以氮素吸收量为基准来估算澳大利亚雨养小麦产量差距的方法。他们编制了一套产量和氮素利用的数据集，计算出作物吸氮量和氮素流失到根区的总和，并根据典型的氮响应曲线推导出了范式化边界函数（图 25）。按范式化边界函数，相对于达到潜在产量所需的氮素投入而言，实际作物的氮素投入不足。分析结果表明，利用每一作物的实际氮素投入模拟的结果，64%的作物实际产量值处于预期产量的 80%范围以内。

Ciampitti 和 Vyn（2012）通过一个综合性的全球数据库，拟合边界函数，

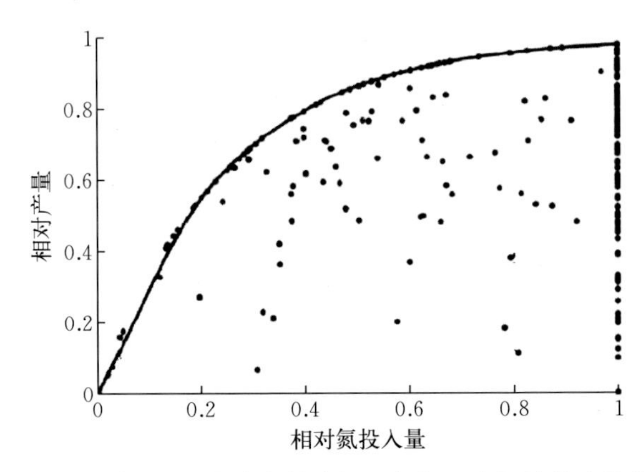

图 25　澳大利亚 334 个小麦的产量和氮投入之间的范式化关系。
实线是氮响应曲线，表示这个关系的上限。
来源：Hochman 等，2013。

并用以描述玉米产量与氮吸收量之间的关系，并将其在老技术（1940—1990 年）和新技术（1991—2011 年）应用的不同时期进行比较。边界函数用线性平台模型拟合，具有 3 个参数。这 3 个参数随技术的不同而不同：产量变化率由老技术的 74 千克/千克（以氮计）提高到新技术的 93 千克/千克（以氮计），最大产量所需氮从 181 千克/公顷降至 168 千克/公顷，最高产量增加到 13～16 吨/公顷。这些边界函数可用于产量差距分析，尽管这不是本研究的最初目的，而且相关参数变化显示了正确定义技术背景的重要性。

4.2.3　产量差距和土壤约束因素

Casanova 等（2002）采用侧重土壤学的方法测量西班牙埃布罗三角洲灌溉水稻的产量差距。他们测量了 50 个农田的产量（y）、土壤质地和化学性质（x_i）。一个边界函数曲线按以下步骤定义了每个变量（x_i）：①将每一组变量（x_i）划分为 10 组；②对每组产量值的频率分布进行正态检验；③对通过正态检验的组，选择确定平均 x_i 的值和 95%置信区间下的产量值；④用选择的 x_i 和产量进行线性回归法拟合。这种方法可以生成含有资源型因素变量（如阳离子交换量）的斜率为正的边界曲线，或含有如盐碱度等约束型变量的斜率为负的曲线。

产量可以按下式进行估算：

$$y=\min[f(x_1),\ f(x_2),\ \cdots,\ f(x_n)]$$

其中，$f(x_i)$ 是自变量 x_i 的最大产量。该方法确定了三类主要变量，即表层土壤阳离子交换量、土壤盐度和 pH，这些变量在该地区 11 吨/公顷左右的可获得产量中贡献的产量差距为 2.9 吨/公顷，与其他未确定的单一因素相对应的产量差距为 0.8 吨/公顷。该方法可以建立以一些产量构成因素（每平方米穗数、每穗颖花数、结实率和粒重）为变量的产量的“黑箱”，并可以将作物形态变量如作物的生长、营养供应持续时间和营养状况等级等作为变量。这种方法对于研究当地土壤对产量的约束条件特别有用。

4.2.4 以水分生产率为变量的作物产量函数

水分生产率与粮食产量呈非线性增长关系，例如在美国的雨养和灌溉小麦中（Musick 等，1994）。图 26 中对摩洛哥杜卡拉灌区中玉米的分析表明了如何利用边界函数来获取水分生产率的上限、找出表现不佳的农田和计算水分生产率的差距；这一方法尚未记录在案，但建议如果重点是水分生产率，可以用此方法进行产量差距相关分析。

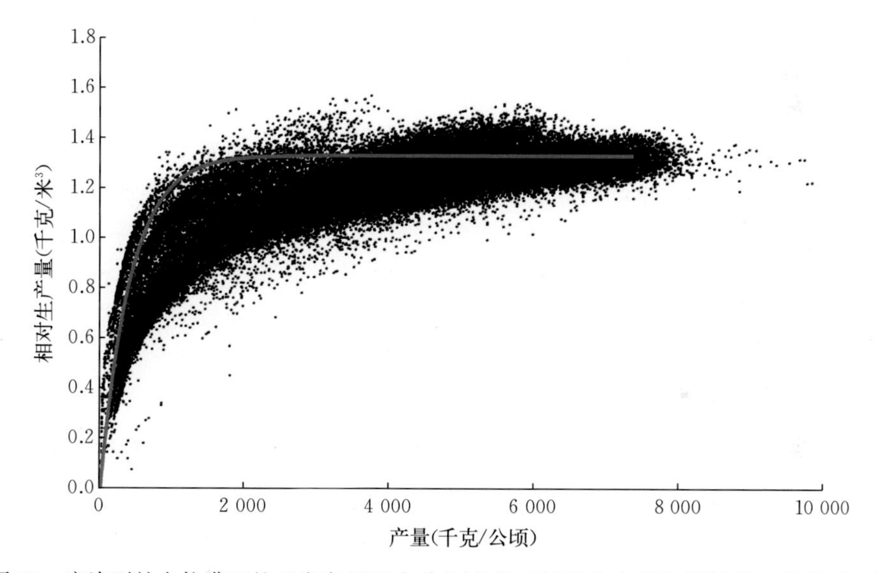

图 26 摩洛哥杜卡拉灌区的玉米产量和水分生产率（每单位产量的蒸散量）的关系。红线是以产量 1 000 千克/公顷为单位将 90%以上水分生产率的产量进行拟合的边界函数。利用遥感与模型相结合的方法，计算得出了产量和水分生产率。

来源：Goudriaan 和 Bastiaanssen，2013。

4.3 方法 3：建立模型

在最佳农事操作不可行的情况下，方法 1 和方法 2 会低估最高产量，例如在有政策或基础设施条件限制，妨碍施用化肥等投入品的情况。在这一部分，我们编写了一系列的案例研究，包括一个利用农田产量值（方法 1）和模型产量值（方法 2）进行基准产量和产量差距计算方法的比较，数据包括美国和肯尼亚的玉米、澳大利亚的小麦等。其他案例研究涉及东南亚的水稻、津巴布韦的玉米、玻利维亚的藜麦。对利用气候指数估计潜在产量以及 FAO 的农业生态区体系也进行了综述。

4.3.1 玉米（美国、肯尼亚）和小麦（澳大利亚）

van Ittersum 等（2013）研究了基于模型模拟或实际产量对较小区域内产量差距的不同估算方法。他们从以下方面评价了这些方法：对灌溉和雨养种植体系下的潜在产量或水限制产量的估算能力，以及这些方法计算得出的在相对较小的地理区域内包含多个农民田块的产量差距。

（1）利用作物生长模型对潜在产量或水限制产量进行实地模拟。

（2）从农民产量分布的前百分之一的农户数据推导出的潜在产量或水限制产量。

（3）在试验站、种植者竞赛或高产农民田中测得的最高产量。

分析中考虑了 3 种不同集约化程度种植体系下的产量水平，包括肯尼亚西部雨养玉米、美国内布拉斯加州灌溉玉米和澳大利亚维多利亚州旱地小麦。从内布拉斯加州和维多利亚州获得每个农民农田里的关于产量、农事操作、天气和土壤特性等共 3 年的信息，肯尼亚是 1 年的信息。与这 3 个地区相关的种植体系的详细描述、作物模型的结构和验证方法以及输入的数据等，都可以在前期发表的研究中找到（Grassini 等，2011；Tittonell 等，2006；Hochman 等，2009）。

由于有能力描述气候、土壤和管理之间的主要交互作用，作物模型似乎是估算特定种植系统内每一种作物的潜在产量和灌溉水限制产量的最可靠方法。第 3.3 节讨论了在这种研究中起作用的模型的属性。这些模型一般可以得出带有概率分布的数值，而不仅仅提供如潜在产量、水限制产量以及产量差距等单一数值（图 27）。

模拟潜在产量和水限制产量的变化不仅反映了田间管理实践的差异，而且反映了不同年份和不同农田的气候变化。在这种情况下，农场经理面临着影响产量的巨大的不确定性，因此在未来的季节中，投入水平也应该是适当的（插文 2）。如果在某一年，生产资料投入超过了实现最大利润所需的数额，而这一年的潜在产量或水限制产量低于平均水平，那么缩小这种情况下的产量差距很可能会成为一个无法实现的经济目标。另一方面，如果农民在具有高的潜在产量或水限制产量的年份里投入太少，产生的产量差距就会很大，他们就会错

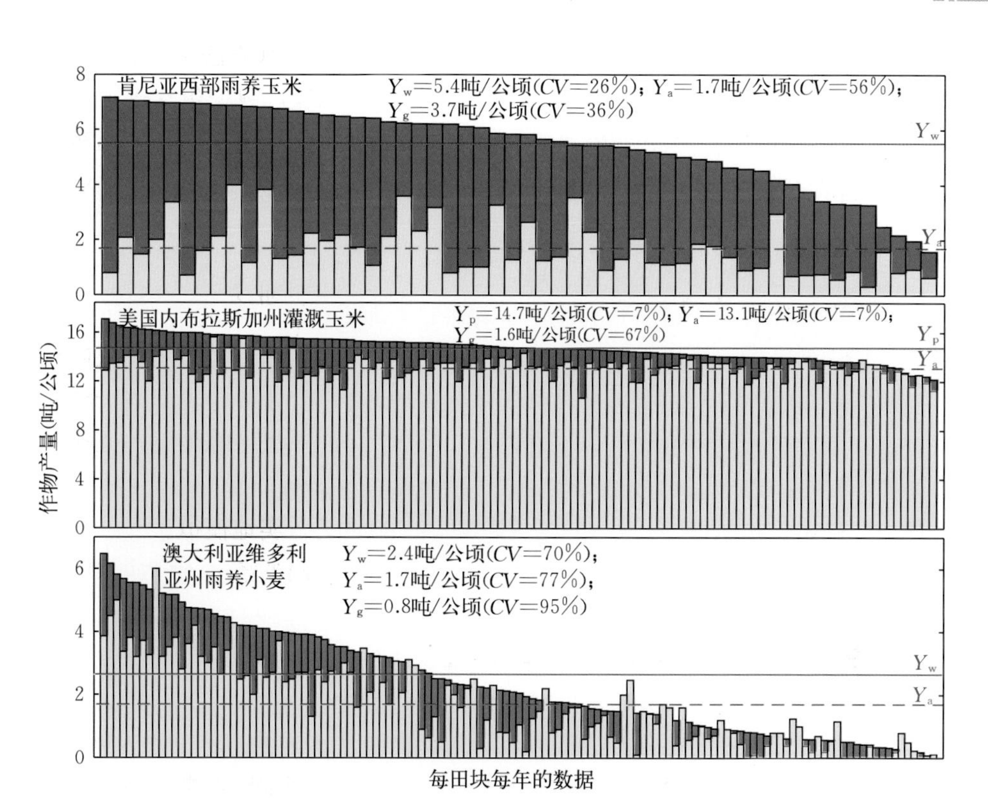

图 27　从 3 种种植制度下农民田地收集到的用来模拟潜在产量（Y_p）或水限制产量（Y_w）的数据，这些数据基于特定地点的天气、土壤性质、农事管理操作：肯尼亚西部雨养玉米、美国内布拉斯加州灌溉玉米和澳大利亚维多利亚州雨养小麦（3 种体系案例数分别为 $n=54$、123、129，每田块每年收集一次数据）。每个栏位对应一个单独的田块每年收集一次的数据。每栏的黄色和红色部分分别表示实际的农民产量（Y_a）和产量差距（Y_g）。水平线表示平均 Y_p（或 Y_w）和 Y_a（分别为实线和虚线）的区域。图中显示了 Y_p（或 Y_w）和 Y_g 的平均值和变化系数（CV）。按从最高到最低的 Y_p 或 Y_w 对相关区域进行了排序。注意，$Y_a>Y_w$ 出现在澳大利亚维多利亚州的一些年份的数据里，这显示了输入模型数据、实际产量或作物模型被不正确的范式化的后果，这些作物模型无法描述特定的作物品种基因特性、环境影响以及农事管理三者之间交互作用的特点。

来源：van Ittersum 等，2012。

失获得高利润的可能性。

这就是肯尼亚雨养玉米和澳大利亚雨养小麦种植制度的实例，尽管这些制度之间存在差异（图 27）。虽然澳大利亚农民在水限制产量方面面临更大的不确定性，但由于他们能更好地获得信息和投入，他们也有更好的装备来应对这种不确定性，而肯尼亚农民常常因为需要很多人工来耕作而不得不面临劳动力缺乏的限制。因此，澳大利亚雨养小麦的产量差距比肯尼亚的雨养玉米小得多（产量差距与实际产量的比率分别为 0.4 和 2.2）（图 27）。在内布拉斯加州灌溉玉米的情况下，农民可以通过获得灌溉水来补偿天气变化的相关风险，使种植者能够精准调整他们的管理措施并缩小产量差距（产量差距与实际产量比为 0.1）（图 27）。

除非它们与某些环境变量相关联，用基于最大产量或产量分布百分位数值的产量计算出的潜在产量、水限制产量和产量差距的值是静态的或非空间性显式的。单一的潜在产量或水限制产量估算值可以用作产量差距分析的参考，但并不能用于反映农业生态带和种植体系中的所有条件。在任何地区或季节，在产量竞赛中获胜者的产量或当地最高产量，对于当地大多数在同样的气候或土壤条件中耕种的农民而言是无法获得的，因为他们无法像那些最高产量的农民一样充分利用这些条件。

同样，如果科学试验站的土壤和地形（如平坦土地上的深厚肥沃土壤或梯田坡地上的肥沃土壤）不代表其周边的农业生产系统，那么试验站的实测产量用于模型也可能有偏差。因此，在特定的地点和年份，根据一个较大的农民群体样本推算出的最大产量和上百分位数产量可以提供一个最佳 $G \times E$（注：作物品种×环境）的交互作用值，而不是一个较长时期内长期平均的潜在产量或水限制产量。虽然在缺乏数据来校准和验证作物模型的情况下，上述所有这些经验方法在一定的农田和年份里的使用是方便的，但与作物模拟结果相比，它们往往会给出不一致的潜在产量和水限制产量值。

在实际产量较高的情况下，即表明该地区作物生长条件比较有利和环境胁迫压力小（如内布拉斯加州的灌溉玉米）、产量潜力、基于最高产量或上百分位数的水限制产量和产量差距估值与基于作物模型模拟的估值之间有着相对密切的一致性关系（表 3）。相反，在农民没有（或不能）采用最佳管理做法从而造成低产量（如肯尼亚玉米）的情况下，这些估值之间的一致性很差。同样，基于最大产量或上百分位数的潜在产量和水限制产量的估值可能会因一个有异常特点的年份或农场而产生偏差，而且如果不使用模拟模型进行更详细的分析，就无法确定这一点。这一问题在维多利亚州小麦的数据集中显示出来，3 年的平均最高产量和百分位数为 95 和 99 的农民产量远远高于同期的模型模拟水限制产量均值（表 3）。如果最大产量以及百分位数为 95 和 99 的农民产量是从整个农民群体的数据集中挑选出来并进行分类聚合分析，那么由于产量最高的年份的产量有可能被用作基准产量，模型模拟出的 Y_w 值与百分位数为 95 和 99 农民的产量值之间的差异将被放大。

表 3

在 3 种作物种植系统下，计算农民实际平均产量（Y_a）和估算的平均潜在产量的估值（Y_p）或水限制产量（Y_w）、产量差距（Y_g）、产量差距，农民实际平均产量（$Y_g:Y_a$）时使用了 4 种不同的方法：第一种是作物模拟模型、第二种是按农民实际平均产量（Y_a）的上百分位数为 95 估算、第三种是农民实际平均产量（Y_a）的上百分位数为 99 估算、第四种是根据最高产量估算。产量数据在肯尼亚西部雨养玉米是一年的平均值，在美国内布拉斯加州灌溉玉米和澳大利亚维多利亚州雨养小麦是 3 年的平均值。

产量 （吨/公顷）	肯尼亚西部 雨养玉米	美国内布拉斯 加州灌溉玉米	澳大利亚维多利 亚州雨养小麦
实际平均产量（Y_a）	1.7	13.2	1.9
Y_p 或 Y_w 估值的基础	Y_w	Y_p	Y_w
模型模拟数值	5.4	14.9	2.6
Y_a 的百分位数：			
第 95 百分位数	3.6	14.4	3.5
第 99 百分位数	3.9	14.8	4.1
Y_aⓐ的最高值	6.0	17.6	4.3
Y_g 的计算方法：			
模型模拟数值ⓑ	3.7($Y_g:Y_a=2.2$)	1.6($Y_g:Y_a=0.1$)	0.8($Y_g:Y_a=0.4$)
Y_a 的上百分位数：			
第 95 百分位数	1.9($Y_g:Y_a=1.1$)	1.1($Y_g:Y_a=0.1$)	1.9($Y_g:Y_a=1.0$)
第 99 百分位数	2.2($Y_g:Y_a=1.3$)	1.6($Y_g:Y_a=0.1$)	2.2($Y_g:Y_a=1.2$)
Y_a 的最高值	4.3($Y_g:Y_a=2.5$)	4.5($Y_g:Y_a=0.3$)	2.3($Y_g:Y_a=1.2$)

ⓐ 最大的产量数据来自实验站附近的田间测量产量（肯尼亚西部雨养玉米），美国内布拉斯加州全国玉米种植者协会（NCGA）产量大赛获奖的有灌溉条件田块的最高产量（内布拉斯加州灌溉玉米），农民田块的产量（维多利亚州雨养小麦）。

ⓑ 澳大利亚，假定 $Y_g=0$ 情况下，$Y_a>Y_w$。

来源：van Ittersum 等，2013。

4.3.2 东南亚地区的水稻

Laborte 等（2012）分析了东南亚 4 个集约化水稻种植区雨季和旱季农民的产量和产量差距，这 4 个地区为：菲律宾吕宋岛中部、印度尼西亚西爪哇、泰国素攀武里、越南芹苴。根据作物生长模型 ORYZA 2000 得出的潜在产量值估算了产量差距，这个模型中作物生长速度所采用的数值是从观察到的物候期、实际作物种植方法、农民实际平均种植日期（Bouman，2011）计算得出。

根据经济产量（80%的潜在产量）和最佳农民产量（每年、季节和地点产量最高的10%的农民）估算可利用的产量差距（第2.2节）。他们发现，平均产量和潜在产量之间的产量差异为2.6～5.4吨/公顷，平均产量与经济产量之间的差异为1.0～3.6吨/公顷，平均产量和最佳农民产量之间的差异为1.1～2.3吨/公顷。大米进口国（印度尼西亚和菲律宾）与大米出口国（泰国和越南）相比，大米进口国的平均产量和最佳产量之间的差距更大。

许多产量差距研究考虑一个年份或时期（第3.2.1节）。除了研究不同地点的产量和产量差距外，这项研究还利用菲律宾中部吕宋岛40年的农业调查数据（1966—2008年），评估了不同时期的产量差异。他们使用分位数回归法来估计产量的年增量，这些增量与农民产量分布的各个百分位数值点对应。1966—1979年，随着部分农民采用高产现代水稻品种，产量位于高百分位数的农民水稻产量的年增长率明显高于低百分位数的农民。另一方面，尽管自引进现代水稻品种10多年以来，最低的10个百分位数的农民产量没有显著变化。由于在此期间技术领先的农民和普通农民采用新技术的速率不同，平均产量和最佳产量之间的差距随着时间的推移而增大。从1982年起，百分位数30以下的农民的年增长率略高于其他人，因为低产量的农民开始采用现代水稻品种。然而，在2000年进行的调查中，平均产量和最佳产量之间的平均差距与20世纪80年代没有太大差别。

缩小东南亚农民田间的产量差距仍然是一项挑战。最佳农民的产量已经接近或在某些情况下甚至高于他们对经济产量的估计。这意味着，如果不改变稻米价格与生产资料的价格比例来保证更多的生产性投资，以后将不会有经济吸引力让高产农民进一步提升产量。另一方面，平均产量和最佳产量之间的差距仍然可以缩小，特别是在稻米进口国，那里的差距更大。本研究通过比较一般和最佳产量农户的一些特点和生产投入，指出了一些原因。为弥补差距，应更有效地利用化肥和劳动力等生产要素投入，提供更密集的知识培训项目以提高农民种植技能和知识的系统性，这也是至关重要的。

4.3.3 津巴布韦的玉米

Kahindae等（2007）采用模拟模型（APSIM）对津巴布韦半干旱地区玉米开展的以缩小玉米产量差距为目标的替代种植技术进行了研究。他们估算了两种极端产量，一种是有最适宜的水或氮肥供应，另一种是更接近当地标准作法的依靠降雨同时没有化肥和补充灌溉的种植方式。在这些极端产量的范围内，他们模拟了一系列可行的选择，例如适量的无机氮或粪肥，以及与当地开发的雨水收集技术相结合。这一模拟工作显示了水和氮之间的协同作用，这与理论和经验方面的已知知识相一致（Sadras，2005；Cossani 等，2010）。

4.3.4 玻利维亚的藜麦

Geerts 等（2009）使用 AquaCrop 模型，研究玻利维亚阿尔蒂普拉地区利用灌溉缩小藜麦产量差距的潜力所在，那里的旱地作物产量低且不稳定。模型模拟情景包括降雨控制、在所有敏感生长阶段避免气孔关闭、在耐旱生长期允许干旱胁迫，以及各种代表水资源有限情况下的限制性亏缺灌溉策略。通过情景分析，推导出三个农业气候区的概率曲线。干旱年份旱地藜麦的模拟产量为 1.1 吨/公顷，南部为 0.2 吨/公顷，最佳灌溉处理为 1.5～2.2 吨/公顷，相应的产量差距大于 1 吨/公顷。研究确定了大幅度减少产量差距所需的最低需水量，在中部和南部地区为每公顷 600～700 米^3。

4.3.5 利用气候指标估算潜在产量

前几节阐述了利用基于环境、作物和管理因素等变量的模型估算出产量差距分析方法。在这里，我们概述了在潜在产量的定义中考虑主要气候因素的简单方法（第 2 节）及其在基准产量估算中的应用。Fischer（1985）在谷物类作物群体生长最关键时期的时间窗口，定义了一个与太阳辐射（Rad）和基准温度（T_b）与平均温度（T）差值相关的光热商（PTQ，photothermal quotient），表示为：

$$PTQ = Rad/(T - T_b)$$

该系数反映了四个生理学原则，即①种子颗粒数是主要的产量组成要素（Sadras，2007b）；②在围绕开花时期的物种特异性关键窗口期间（Andrade 等，2005）穗粒数与总生长量相关；③在该关键窗口期间的生长速率与光合作用和辐射成比例关系；④该周期的持续时间与温度成反比。基于这些原理，Fischer（1985）的光热商和衍生出的相关指数可以描述不同年度谷物籽粒产量变化的大部分内容（Fischer，1985；Cantagaloetal，1997）。在 Bell 和 Fischer（1994）的研究中，用光热商计算的墨西哥亚基山谷中小麦产量的变化速率与用 CERES-小麦计算模型推导出的速率相似，尽管估计值偏移约为 0.8 吨。使用光热系数对穗粒数进行估算，加上模拟（MenEnz 和 Satorre，2007）或实际（Calviño 和 Sadras，2002）估算出的谷粒权重，生成了基于特定地点的潘帕斯地区小麦基准产量值。

Rodriguez 和 Sadras（2007）使用一个标准光热系数（*PTQn*），考虑了光合有效辐射（*PAR*）、平均温度（*T*）、蒸汽压亏缺值（*VPD*）和部分散射辐射（*FDR*）对澳大利亚东部小麦产量的影响。

$$PTQn = PAR \cdot FDR/VPD \cdot T$$

Doherty 等（2008）结合实际产量，模拟了季节性蒸散量和标准光热系数，得出了一个可获得的郡级区域范围内小麦水分生产率值。这一方法的基本原理是：French 和 Schultz 模型（4.2.1.1 节）确定的水限制产量函数的限制条件可以通过考虑生理相关的因素如关键生长期和标准光热系数中所包括的气候变化因素来进行改进。这种方法可能会对未来气候下的基准产量估算有用处，因为在那时，气候变暖和蒸汽压亏缺值的增加可能会对水分生产率产生重大影响（Potgieter 等，2013）。

4.3.6 FAO 建立的农业生态区系统

GAEZ 是指由 FAO 和国际应用系统分析研究所（IIASA）联合开发的农业生态区系统。该工具可以根据土地资源及其生物物理限制和作物生产潜力进行土地利用规划。土地资源是为作物生长提供水分、能量和营养，以及为作物生长提供物理支持，其特征包括了气候、土壤和地貌。GAEZ 模拟主要粮食作物和纤维作物的潜在产量和 2000 年后的降尺度统计的数据，可用于求出实际产量。从潜在产量和实际产量两方面推导出产量差距分析的空间分辨率为 5 弧分。更多详情可查阅：http://www.fao.org/nr/gaez/public/en/。

4.4 方法 4：遥感技术

前文已强调过，需要有准确的作物产量数据用于产量差距分析，并强调在实地测量、调查、区域性和国家统计数据以及模拟产量工作中存在的一些局限性。借助卫星的间接测量技术有可能测量田块和区域，结果可以用以补充和交叉检查其他来源数据（插文 4）。

Lobell（2013）综述了遥感在产量差距分析中的应用，因此，本节仅举了几个例子。

插文 4　遥感：作物产量估算方法

遥感是一种在不直接接触物体的情况下识别、观察和测量物体的技术。数十颗极地轨道卫星上的辐射计测量电磁光谱（包括可见光、红外、近红外、热红外、微波等）范围内的反射、发射和散射辐射。光谱反射率和光谱发射率的测量与算法相结合，可以将原始数据转化为各种尺度上的定量生物物理信息，从小块农田到大规模农业生产都可以提供。最小的比例尺单位是一个像素点，对于实地应用来说，像素大小通常从 10 米×10 米到 30 米×30 米不等。第二层次的尺度是若干像素的组合，一组像素可以在农场上形成土壤单元或管理单元，也可以是整个田块。不同卫星的类型可以不同的频率进行测量，天空如果有不持续的云层覆盖，可以使用不同卫星的组合，以间隔几天、分辨率为 30 米×30 米或更高的间隔来获取数据。

方法概述

估算作物产量的遥感方法可基于（Lobell，2013）：①生物量生产和分配原则；②与光谱植被指数和产量相关的经验模型；③遥感数据和作物生长模型的集成方法。

1. 生物量生产和分配原则

生物量生产可以计算为吸收的光合有效辐射（APAR）和辐射利用效率之间的乘积（Monteith，1977）。光合有效辐射是作物吸收的辐射（400～700 纳米），随后用于光合作用；它数量取决于：①大气顶部的太阳辐射；②云量；③控制辐射透过大气的大气成分；④捕获用于光合作用的光能量的叶绿素所在的树冠的大小、结构和绿色程度。云量可以从地球静止轨道卫星上获取，这些卫星可以用较小的时间间隔测量云的亮度（Hammer 等，2003）。遥感植被指数（Asrar 等）或叶面积指数（Mynemi 等，2002）描述了不同程度绿叶拦截光合有效辐射的效果。因此，光合有效辐射完全可以从卫星测量中得到，如 Baret 和 Guyot（1991）的研究。

为了确定辐射利用效率，已经建立了各种方程，例如，Field 等（1995）和 Hilker 等（2008）指出，由于辐射利用效率因作物生长阶段、作物几何形状、环境和管理因素而异，假定的辐射利用效率固定值可能会是估算生物量和产量的一个重要误差来源（Stockle 和 Kemanian，2009）。这个结论也适用于作物产量模拟模型，因此，也是作物产量模型应用中的一个更普遍的挑战。

实际产量（Y_a）可表示为季节（$\sum B$）、收获指数（HI）和收获时作物含水量（m_{oi}）的累积生物量的函数：

$$Y_a=(\sum B \cdot HI)/(1-m_{oi})Y_{act}=\frac{\sum B \cdot HI}{1-m_{oi}}$$

Hay（1995）和 Unkovich 等（2010）出版了关于收获指数的综述，他们强调了这一特征的变异性。现在已经制定了各种计算收获指数的方法（Sadras 和 Connor，1991；Ferreres 和 Soriano，2007；Kemanian 等，2007；Raes 等，2010）。通常的做法是在实地校准可收获作物的收获指数和含水量，以确保从卫星数据中估计的新鲜作物产量与实地测量结果相符。Zwart 和 Bastiaanssen（2007）利用 Lobell 等（2003b）公布的收获指数在墨西哥应用了这一方法。在印度锡尔萨区，van Dam 和 Malik（2003）也采用了这一方法，使用了印度统计局的官方数字。Bastiaanssen 和 Ali（2003）采用了类似的方法，对巴基斯坦印度河流域种植的小麦和甘蔗作物生产进行研究并有实际应用效果。平均而言，产量估计的准确度超过 90%。如果在校准中使用实地产量数据，则可以进一步改进产量估算准确度。

2. 与光谱植被指数和产量有关的经验模型

一些研究使用光谱植被指数与作物产量之间的线性回归方法。产量数据可以从作物采收试验中获得，也可以从二级数据源获取。可以选择使用单一的植被指数测量方法或作物特定发育阶段的累积植被指数法。美国农业部的方法是基于后一种，基本上适用于谷物，它对小麦特别有效（Hatfield，1983b）。其他作物的应用包括 Daughtry 等（1992）在玉米、大豆和 Steven 等（1983）在甜菜方面的研究。

3. 遥感数据和作物生长模型的集成方法

卫星测量可以与作物模拟模型联系起来。通过模型变量数值和卫星测量的变量数值的比较，更新模型状态条件，以保持其符合实际作物生长的条件。这种复杂的数学方法是用来估计某一特定区域内具有代表性的地区的产量，它更适合于研究而不是实际应用。目前，在单个像素的规模上应用这种复杂的建模是不可行的。这种方法的例子可在 Maas（1991）和 Vazifedoust 等（2009）研究中找到。

总之，方法 1 需要标准的计算程序，适用于各种地形条件；关于辐射利用效率和收获指数的假设都需要实地考察特定作物并利用数据校准数据库，这些数据库应该有至少 5～10 年有效期。方法 2 为特定作物提供了简单的解决办法，前提是光谱植被指数与作物产量之间可以找到令人满意的相关性关系，但仍需要反复进行实地校准，以防止不适宜的作物产量测量方法限制其应用。此外，往往还会发现不适宜的回归法计算结果（Lyle 等，2013）。方法 3 更适合科学研究而不是实际应用。

4.4.1 利用遥感技术估算基准产量和产量差距

Lobell 和 Ortiz - Monasterio（2006）与 Samarasinghe（2003）的工作是利用多种不同的模型和遥感组合的测量结果确定作物基准产量的典型案例。Lobell 和 Ortiz - Monasterio（2006）在墨西哥小麦上开展研究，Samarasinghe

（2003）在斯里兰卡大米、茶叶、橡胶和椰子上开展研究。这两种方法都采用了类似的基准产量来计算产量差距，即农民田间最高产量（Lobell 和 Ortiz - Monasterio，2006）或第 95 百分位数产量（Samarasinghe，2003）。Lobell 和 Ortiz - Monasterio（2006）将地球资源卫星（Landsat）图像与基于温度的作物生长模型相结合，Samarasinghe（2007）将美国国家海洋和大气管理局气象观测卫星甚高分辨率扫描辐射计（NOAA - AVHRR）与以辐射为基础的作物生长模型相结合，同时使用了基于在斯里兰卡获得的陆面能量平衡蒸发蒸腾量计算方法（Sebal ET）速率值和土壤水分值的数据（Bastiaanssen 和 Chandrapala，2003）。Lobell 和 Ortiz - Monasterio（2006）进一步结合遥感数据，利用 CERES -小麦模型模拟粮食产量。

4.4.2 利用遥感技术估算标准水分生产率

研究人员利用遥感在不同的空间和时间尺度上，用若干方法估算了蒸散量（Hatfield，1983a；Borchardt 和 Trauth，2012；Jien 等，2012；Ma 等，2012；Poblete - Echeverria 和 Ortega - Farias，2012；Yang 等，2012）。这些方法的细节超出了本出版物的范围。结合基于遥感的产量估计（插文 4），由这些蒸散量数值可以计算出完全由遥感数据推导得出的水分生产率。

研究人员还研究了不需要单独的作物产量和蒸散量数据情况下直接估算水分生产率的方法。例如，Zwart 等（2010）将水分生产率方程的输入减少到从常规卫星测量中得出的 4 个空间变量：宽带地表反照率、差异归一化植被指数（NDVI）、地外辐射和气温。Zwart 等（2010）的模型被用于绘制全球范围内小麦的水分生产率图，他们的研究由 Bastiaanssen 等（2010）跟进研究。

Gonzalez - Dugo 和 Mateos（2008）在西班牙南部 15 000 公顷的灌溉区域中对灌溉棉花和甜菜的水分生产率进行了基准测定。他们为了描述当地种植每种作物的实际产量，使用了已发表的描述产量与蒸散量关系的边界函数（方法 2）。他们由地面或卫星辐射测量得出多光谱植被指数，然后从多光谱植被指数中推导出可靠的作物系数，然后将此作物系数乘以参考蒸散量，从而建立了将实际产量与实际蒸散量联系起来的函数关系。

5 结论和建议

用来计算基准产量所选定的空间尺度大小取决于问题的类型。例如，为了提高规模化农场的产量，需要在田块一级制定基准产量。与空间尺度需要平行考虑的是时间尺度。如果研究目的是在现有技术下对作物进行基准产量测算，那么时间尺度必须足够长，以尽可能多地包含季节等因素的变化，也必须足够短，以满足恒定技术的假设。

在估算基准产量时要允许一个动态的视角，要包括与技术进步、技术使用率和环境变化相关的时间趋势。在无论是静态还是动态的雨养农业体系中进行基准产量估算时，都需要能包括干旱环境下季节性降水和季节内与降水相关的各种变化。本出版物描述了基准产量计算方法的多样性，包括空间和时间尺度的多样性、提出问题的不同以及可用于回答这些问题的可利用资源的不同。将方法分为四大类，这些方法并不是一成不变的，将不同方法进行组合应用也是常见的。

方法 1 是比较实际产量和在类似环境条件下取得的最高产量，例如在土壤条件和地形相似的邻近农场之间的比较（第 4.1 节）。这种类型的比较在空间上受到限制，是对实际产量和可获得产量之间差距的近似。由于这种方法投入最少，而且最简单，能估算出作用有限但实用的基准产量值。这种方法估算的产量差距的主要成因可归于农事操作管理上的差异，但是，如果最佳农事操作不可行，这种方法可能会产生误差，如肯尼亚玉米例子所示；在这种情况下，模型模拟产量提供了相关性更高的基准产量（第 4.1.3 节）。另一方面，现有的模型不适合回答一些与当地相关的问题。例如，通用作物模型无法反映绿肥与化学和物理性质差异较大的不同土壤类型之间的生物物理交互作用，因此，对于撒哈拉以南非洲玉米产量差距和与这些因素相关的风险问题，需要结合实际产量数据和各种模型来回答（第 4.1.2 节）。

方法 2 是方法 1 的一种变化，是基于和实际产量的比较，但可获得的产量不是一个单一的基准产量数据，而是表示为由一个或几个环境因素的函数，环境因素包括实际蒸散量等。与方法 1 一样，这些方法不一定能描述最佳管理实践。French 和 Schultz 模型是这一方法的原型，其他变量不包括水，但包括氮吸收或土壤性质。与数据相匹配的边界函数模型提供了一个基准产量计算方法，从而部分考虑了季节条件。边界函数的参数可以用分位数回归法来估计，这就需要一些主观假设，以对拟合函数所需数据进行取舍。将基于遥感的作物产量群体数据纳入考虑是该模型发展的方向，将经验曲线拟合和符合生理学的参数相结合的方法也在应用范围内。建议：①使用 Milne 等的方法作为一种统计学上可靠的和客观的方法，可以用来导出边界函数（插文 3）；②检查边界函数的形状和参数，以了解其生理学和农学意义。在统计学和生物物理学标准发生冲突时，建议采用生物物理学标准。

方法 3 是选择合适的模型方法，可以基于诸如 Fischer 的光热系数之类的简单气候指数模型到诸如中等复杂的 AquaCrop 模型和更复杂的 CERES 模型等。复杂的模型是有农艺学价值的，因为它们可以反映特定品种的一些遗传学特征，以及水和氮之间的关键性相互作用。这部分概述了在产量差距分析中对产量进行建模的“最佳做法”（第 3.3 节）。

重要的是，估计潜在产量的模型需要能反映在非胁迫条件下的作物生理学参数。需要特别注意产量建模中使用的气象数据，因为不适当来源的数据可能会让结果产生显著偏差，这在第 3.2 节中网格化全球气象数据库的介绍中进行了说明。很少有研究采用基于来自同一网格内位置的实际气象站数据，去验证从网格化气象数据库中模拟出的网格化地区的潜在产量和水限制产量值，而这应该是标准做法，特别是在全球规模上，当产量差距数值被用于政策决策或科研投资方向的参考时。另外，基于点的潜在产量和水限制产量的模拟方法，辅以适当的放大方法，可能更适合于大范围地区的产量差距分析。

方法 4 涉及一系列方法，将遥感、实际数据和复杂程度各异的模型结合起来（第 4.4 节）。这些模型可应用于 10 米×10 米或 30 米×30 米的任何像素点，也可将基础遥感植被数据结合到复杂的按工程学原理建立的作物生长模拟模型中。这一方法对于在区域层次规模及更高层次的规模上进行基准产量估算非常重要。在过去几年中，遥感在产量差距分析中的应用得到了发展，但仍然存在一些重大制约因素，如获得并经过实地校准的辐射利用效率值和收获指数。遥感的优点是能直接产生实际产量数据，这些数据可以用于查明当地的产量差距。

无论采用何种方法来估算产量和计算产量差距，对数据可靠性（产量、天气、农学等方面）进行关键评估以及对目标系统的实际生物物理学和农艺学背景要有充分的了解，这对于减少数据的误判是必不可少的。分析在同一地块内的产量变化对产量差距分析而言仍是一个挑战。

词汇对照表

GLOSSARY

精度：指按相同的测量程序，每次都是在相同的条件下测量，能重复给出相同结果的能力。

准确度：测量值与实际值的接近程度。

边界函数：在某些生物机制限定范围内的自变量，这些自变量在给定值下，与之相关的因变量具有了上限值或下限值，因此该值不可能（忽略测量误差）出现大于上边界或小于下边界的情况。边界函数也称为“被封装”的函数。

基准：可以作为开展评价或比较工作时起基础作用的参考点。

十分位数：将一个变量数值的分布情况按频率相等的原则从大到小，用9个数值将其分布分成10组，9个值中1个值被称为十分位数。例如，第九个十分位数指的是总群体的取值范围内低于90%变量的所有数值。

百分位数：将一个变量数值的分布情况按频率相等的原则从大到小，用99个数值将其分布分成100组，99个值中1个值被称为百分位数。例如，第90个百分位数指的是总群体的取值范围内低于90%变量的所有数值。

参考文献
REFERENCES

Abbate, P. E. , Dardanelli, J. L. , Cantarero, M. G. , Maturano, M. , Melchiori, R. J. M. & Suero, E. E. 2004. Climatic and water availability effects on water-use efficiency in wheat. *Crop. Sci.* , 44: 474-483.

Akaike, H. 1973. 2nd *International Symposium on Information Theory* (eds B. N. Petov & F. Csaki), 267-281.

Andrade, F. H. , Sadras, V. O. , Vega, C. R. C. & Echarte, L. 2005. Physiological determinants of crop growth and yield in maize, sunflower and soybean: their application to crop management, modelling and breeding. *J. Crop Improv.* , 14: 51-101.

Angus, J. F. & van Herwaarden, A. F. 2001. Increasing water use and water use effi-ciency in dryland wheat. *Agron. J.* , 93: 290-298.

Asrar, G. , Myneni, R. B. & Choudhury, B. J. 1992. Spatial heterogeneity in vegetation canopies and remote-sensing of absorbed photosynthetically active radiation—a modeling study. *Remote Sensing of Environment*, 41: 85-103, doi: 10.1016/0034-4257 (92) 90070-z.

Asseng, S. , Turner, N. C. & Keating, B. A. 2001. Analysis of water-and nitrogen-use efficiency of wheat in a Mediterranean climate. *Plant Soil*, 233: 127-143.

Bai, J. , Chen, X. , Dobermann, A. , Yang, H. , Cassman, K. G. & Zhang, F. 2010. Evaluation of NASA Satellite-and Model-Derived Weather Data for Simulation of Maize Yield Potential in China. *Agron. J.* , 102: 9-16, doi: 10.2134/agronj2009.0085 (2010).

Baret, F. & Guyot, G. 1991. Potentials and limits of vegetation indexes for LAI and APAR assessment. *Remote Sensing of Environment*, 35: 161-173, doi: 10.1016/0034-4257 (91) 90009-u.

Bastiaanssen, W. G. M. & Ali, S. 2003. A new crop yield forecasting model based on satellite measurements applied across the Indus Basin, Pakistan. *Agric. Ecosyst. Environ.* , 94: 321-340, doi: 10.1016/s0167-8809 (02) 00034-8.

Bastiaanssen, W. G. M. & Chandrapala L. , 2003. Water balance variability across Sri Lanka for assessing agricultural and environmental water use. *Agricultural Water Management*, 58 (2): 171-192.

Bastiaanssen, W. G. M., I. J. Miltenburg and S. J. Zwart. 2010. Global-WP, modelling and mapping global water productivity of wheat, maize and rice, report to FAO NRL Division, index 3029203, Rome, Italy: 118pp.

Bathia, V. S., Singh, P., Wani, S. P., Kesava Rao, A. V. R. & Srinivas, K. 2006. Yield gap analysis of soybean, groundnut, pigenonpea and chickpea in India using simu-laiton modelling. Global Theme on Agroecosystems Report 31. 156 (ICRISAT, Patancheru, Andra Pradesh, India).

Belder, P., Bouman, B. A. M., Spiertz, J. H. J., Peng, S., Castaneda, A. R. & Visperas, R. M. 2005. Crop performance, nitrogen and water use in flooded and aerobic rice. *Plant Soil*, 273: 167-182.

Bell, M. A. & Fischer, R. A. 1994. Using yield prediction models to assess yield gains: a case study for wheat. *Field Crops Res.*, 36: 161-166, doi: 10. 1016/0378-4290 (94) 90064-7.

Bingham, J. 1967. Breeding cereals for improved yield capacity. *Ann. appl. Biol.*, 59: 312-315.

Bondeau, A., Smith, P., Zaehle, S., Schaphoff, S., Lucht, W., Cramer, W., Gerten, D., Lotze-Campen, H., Müller, C., Reichstein, M. & Smith, B. 2007. Modelling the role of agriculture for the 20th century global terrestrial carbon balance. *Global Change Biol.*, 13: 679-706, doi: 10. 1111/j. 1365-2486. 2006. 01305. x.

Borchardt, S. & Trauth, M. H. 2012. Remotely-sensed evapotranspiration estimates for an improved hydrological modeling of the early Holocene mega-lake Suguta, northern Kenya Rift. *Palaeogeography Palaeoclimatology Palaeoecology*, 361: 14-20, doi: 10. 1016/j. palaeo. 2012. 07. 009.

Bouman, B. A. M., Kropff, M. J., Tuong, T. P., Wopereis, M. C. S., Ten Berge, H. F. M., & Van Laar, H. H. 2001. ORYZA 2000: Modeling Lowland Rice. *IRRI, Los Banos, Laguna.*

Bouman, B. A. M., Peng, S., Castañeda, A. R. & Visperas, R. M. 2005. Yield and water use of irrigated tropical aerobic rice systems. *Agric Water Manag*, 74: 87-105.

Bouman, B. A. M., Humphreys, E., Tuong, T. P. & Barker, R. 2006. Rice and water. *Adv. Agron.*, 92: 187-237.

Brisson, N., Gate, P., Gouache, D., Charmet, G., Oury, F. X. & Huard, F. 2010. Why are wheat yields stagnating in Europe? A comprehensive data analysis for France. *Field Crops Res.*, 119: 201-212, doi: 10. 1016/j. fcr. 2010. 07. 012.

Caldiz, D. O., Haverkort, A. J. & Struik, P. C. 2002. Analysis of a complex crop production system in interdependent agro-ecological zones: a methodological approach for potatoes in Argentina. *Agric. Syst.*, 73: 297-311.

Calviño, P. A. & Sadras, V. O. 1999. Interannual variation in soybean yield: interaction among rainfall, soil depth and crop management. *Field Crops Res.*, 63: 237-246.

Calviño, P. A. & Sadras, V. O. 2002. On-farm assessment of constraints to wheat yield in the south-eastern Pampas. *Field Crops Res.*, 74: 1-11.

Calviño, P. A., Andrade, F. H. & Sadras, V. O. 2003. Maize yield as affected by water availability, soil depth and crop management. *Agron. J.*, 95: 275-281.

Campbell, R. 2013. Lies, damned lies. *Australian and New Zealand Grapegrower and Winemaker*, 590: 6.

Cantagallo, J. E., Chimenti, C. A. & Hall, A. J. 1997. Number of seeds per unit area in sunflower correlates well with a photothermal quotient. *Crop. Sci.*, 37: 1780-1786.

Casanova, D., Goudriaan, J., Bouma, J. & Epema, G. F. 1999. Yield gap analysis in relation to soil properties in direct-seeded flooded rice. *Geoderma*, 91: 191-216.

Casanova, D., Goudriaan, J., Catala Forner, M. M. & Withagen, J. C. M. 2002. Rice yield prediction from yield components and limiting factors. *Eur. J. Agron.*, 17: 41-61.

Cassman, K. G. & Pingali, P. L. 1995. Intensification of irrigated rice systems: learning from the past to meet future challenges. *GeoJournal*, 35: 299-305, doi: 10.2307/41146410.

Cassman, K. G. 1999. Ecological intensification of cereal production systems: Yield potential, soil quality, and precision agriculture. *Proceedings of the National Academy of Sciences of the United States of America*, 96: 5952-5959.

Cassman, K. G. 2012. What do we need to know about global food security? *Global Food Security*, 1: 81-82, doi: http://dx.doi.org/10.1016/j.gfs.2012.12.001.

Caviglia, O. P., Sadras, V. O. & Andrade, F. H. 2004. Intensification of agriculture in the southeastern Pampas I. Capture and efficiency in the use of water and radiation in double-cropped wheat-soybean. *Field Crops Res.*, 87: 117-129.

Ciampitti, I. A. & Vyn, T. J. 2012. Physiological perspectives of changes over time in maize yield dependency on nitrogen uptake and associated nitrogen efficiencies: A review. *Field Crops Res.*, 133: 48-67, doi: http://dx.doi.org/10.1016/j.fcr.2012.03.008.

Connor, D. J. & Fereres, E. 1999. A dynamic model of crop growth and partitioning of biomass. *Field Crops Res.*, 63: 139-157, doi: 10.1016/s0378-4290 (99) 00032-5.

Connor, D. J., Loomis, R. S. & Cassman, K. G. 2011. *Crop ecology: productivity and management in agricultural systems*. Cambridge University Press.

Connor, D. J. & Mínguez, M. I. 2012. Evolution not revolution of farming systems will best feed and green the world. *Global Food Security*, 1: 106-113, doi: http://dx.doi.org/10.1016/j.gfs.2012.10.004.

Cooper, P. J. M., Gregory, P. J., Tully, D. & Harris, H. C. 1987. Improving water use efficiency of annual crops in rainfed systems of west Asia and North Africa. *Exp. Agr.*, 23: 113-158.

Cossani, C. M., Savin, R. & Slafer, G. A. 2010. Co-limitation of nitrogen and water on yield and resource-use efficiencies of wheat and barley. *Crop Past. Sci.*, 61: 844-851.

CSIRO. 2011. The Millennium Drought and 2010/11 Floods. *South Eastern Australia Climate Initiative Facsheet*.

Daughtry, C. S. T., Gallo, K. P., Goward, S. N., Prince, S. D. & Kustas, W. P. 1992. Spectral estimates of absorbed radiation and phytomass production in corn and soybean canopies. *Remote Sensing of Environment*, 39: 141-152, doi: 10.1016/0034-4257 (92) 90132-4.

de Wit A, Baruth, B., Boogaard, H., van Diepen, K., van Kraalingen, D., Micale, F., te Roller, J., Supit, I. & van den Wijngaart, R. 2010. Using ERA-INTERIM for regional crop yield forecasting in Europe. *Climate Research*, 44: 41-53, doi: 10.3354/cr00872.

Doherty, D., Rodriguez, D., Potgieter, A. & Sadras, V. O. in *Australian Society of Agronomy Conference* (ed M. J. Unkovich).

Donald, C. M. 1981. *Wheat Science-Today and Tomorrow* (eds L. T. Evans & W. J. Peacock) 223-247. Cambridge University Press.

Egli, D. B. 2008. Soybean yield trends from 1972 to 2003 in mid-western USA. *Field Crops Res.*, 106: 53-59.

Evans, L. T. 1993. *Crop Evolution, Adaptation and Yield*. Cambridge University Press.

Evans, L. T. & Fischer, R. A. 1999. Yield potential: its definition, measurement and significance. *Crop. Sci.*, 39: 1544-1551.

FAO, IFPRI & SAGE. 2006. Agro-Maps. A global spatial database of agricultural land-use statistics aggregated by subnational administrative districts. *http://www.fao.org/landandwater/agll/agromaps/interactive/index.jsp*.

FAO. 2011. The state of the world's land and water resources for food and agriculture (SOLAW)-Managing systems at risk (Food and Agriculture Organization of the United Nations, Rome and Earthscan, London, 2011).

FAO. 2012. FAOSTAT online database, available at link: *http://faostat.fao.org/site/339/default.aspx*.

Farahani, H. J., Peterson, G. A. & Westfall, D. G. 1998. Dryland cropping intensification: a fundamental solution to efficient use of precipitation. *Adv. Agron.*, 64: 197-223.

Farooq, M., Kobayashi, N., Wahid, A., Ito, O. & Basra, S. M. A. 2009. Strategies for producing more rice with less water. *Adv. Agron.*, 101: 351-388.

Fereres, E. & Soriano, M. A. 2007. Deficit irrigation for reducing agricultural water use. *J. Exp. Bot.*, 58: 147-159.

Field, C., Jackson, R. & Mooney, H. 1995. Stomatal responses to increased CO_2: implications from the plant to the global scale. *Plant Cell Environ*, 18: 1214-1225.

Fischer, R. A. 1985. Number of kernels in wheat crops and the influence of solar radiation and temperature. *J. agric. Sci.*, 105: 447-460.

Foulkes, M. J., Reynolds, M. P. & Sylvester-Bradley, R. 2009. *Crop physiology: applications for genetic improvement and agronomy* (eds V. O. Sadras & D. F. Calderini). Academic Press, 355-385.

Foulkes, M. J., Slafer, G. A., Davies, W. J., Berry, P. M., Sylvester-Bradley, R., Martre, P., Calderini, D. F., Griffiths, S. & Reynolds, M. P. 2011. Raising yield potential of wheat. Ⅲ. Optimizing partitioning to grain while maintaining lodging resistance. *J. Exp. Bot.*, 62: 469-486, doi: 10.1093/jxb/erq300.

French, R. J. & Schultz, J. E. 1984a. Water use efficiency of wheat in a Mediterranean type environment. Ⅰ. The relation between yield, water use and climate. *Aust. J. Agric. Res.*, 35: 743-764.

French, R. J. & Schultz, J. E. 1984b. Water use efficiency of wheat in a Mediterranean type environment. II. Some limitations to efficiency. *Aust. J. Agric. Res.*, 35: 765-775.

Geerts, S., Raes, D., Garcia, M., Taboada, C., Miranda, R., Cusicanqui, J., Mhizha, T. & Vacher, J. 2009. Modeling the potential for closing quinoa yield gaps under varying water availability in the Bolivian Altiplano. *Agric Water Manag*, 96: 1652-1658, doi: http://dx. doi. org/10. 1016/j. agwat. 2009. 06. 020.

Gonzalez-Dugo, M. P. & Mateos, L. 2008. Spectral vegetation indices for benchmarking water productivity of irrigated cotton and sugarbeet. *Agric Water Manag*, 95: 48-58.

Goudriaan, R. & Bastiaanssen, W. G. M. 2013. Land and water productivity in the Doukkala irrigation scheme, Morocco. Season October 2010-September 2011. FAO-Report.

Grassini, P. & Cassman, K. G. 2012. High-yield maize with large net energy yield and small global warming intensity (vol 109). *Proceedings of the National Academy of Sciences of the United States of America*, 109: 1074-1079, doi: 10. 1073/pnas. 1201296109.

Grassini, P., Thorburn, J., Burr, C. & Cassman, K. G. 2011. High-yield irrigated maize systems in Western U. S. Corn-Belt. Ⅱ. Irrigation management and crop water productivity. *Field Crops Res.*, 120: 133-141.

Grassini, P., Yang, H. S. & Cassman, K. G. 2009a. Limits to maize productivity in Western Corn-Belt: A simulation analysis for fully irrigated and rainfed conditions. *Agric. Forest Meteorol.*, 149: 1254-1265, doi: 10. 1016/j. agrformet. 2009. 02. 012.

Grassini, P., Hall, A. J. & Mercau, J. L. 2009b. Benchmarking sunflower water productivity in semiarid environments. *Field Crops Res.*, 110: 251-262.

Hall, A. J., Feoli, C., Ingaramo, J. & Balzarini, M. 2013. Gaps between farmer and attainable yields across rainfed sunflower growing regions of Argentina. *Field Crops Res.*, 143: 119-129.

Hammer, A., Heinemann, D., Hoyer, C., Kuhlemann, R., Lorenz, E., Müller, R. W. & Beyer, H. G. 2003. Solar energy assessment using remote sensing technologies. *Remote Sensing of Environment*, 86: 423-432, doi: 10. 1016/s0034-4257 (03) 00083-x.

Hatfield, J. L. 1983a. Evapotranspiration obtained from remote sensing methods. *Advances in Irrigation*, 2: 395-416.

Hatfield, J. L. 1983b. Remote sensing estimations of potential and actual crop yield. *Remote Sensing of Environment*, 13: 301-311.

Hay, R. K. M. 1995. Harvest index: a review of its use in plant breeding and crop physiology. *Ann. appl. Biol.*, 126: 197-216.

Hilker, T., Coops, N. C., Wulder, M. A., Black, T. A. & Guy, R. D. 2008. The use of remote sensing in light use efficiency based models of gross primary production: A review of current status and future requirements. *Science of the Total Environment*, 404: 411-423, doi: 10. 1016/j. scitotenv. 2007. 11. 007.

Hochman, Z., Carberry, P. S., Robertson, M. J., Gaydon, D. S., Bell, L. W. & McIntosh, P. C. 2013. Prospects for ecological intensification of Australian agriculture. *Eur. J. Agron.*, 44: 109-123, doi: 10. 1016/j. eja. 2011. 11. 003 (2013).

Hochman, Z., Holzworth, D. & Hunt, J. R. 2009. Potential to improve on-farm wheat yield and WUE in Australia. *Crop & Pasture Science*, 60: 708-716, doi: 10. 1071/cp09064.

Jian, S., Salvucci, G. D. & Entekhabi, D. 2012. Estimates of evapotranspiration from MODIS and AMSRE land surface temperature and moisture over the Southern Great Plains. *Remote Sensing of Environment*, 127: 44-59, doi: 10. 1016/j. rse. 2012. 08. 020.

Jones, J. W., Hoogenboom, G., Porter, C. H., Boote K. J., Batchelor W.. D, Hunt, L. A., Wilkens, P. W., Singh, U., Gijsman, A. J. & Ritchie, J. T. 2003. The DSSAT cropping system model. *Eur. J. Agron.*, 18: 235-265.

Kahinda, J. M., Rockström, J., Taigbenu, A. E. & Dimes, J. 2007. Rainwater harvesting to enhance water productivity of rainfed agriculture in the semi-arid Zimbabwe. *Physics and Chemistry of the Earth*, *Parts A/B/C* 32, 1068-1073.

Kato, Y., Okami, M. & Katsura, K. 2009. Yield potential and water use efficiency of aerobic rice (*Oryza sativa* L.) in Japan. *Field Crops Res.*, 113: 328-334.

Keating, B. A., Carberry, P. S., Hammer, G. L., Probert, M. E., Robertson, M. J., Holzworth, D., Huth, N. I., Hargreaves, J. N. G., Meinke, H., Hochman, Z., McLean, G., Verburg, K., Snow, V., Dimes, J. P., Silburn, M., Wang, E., Brown, S., Bristow, K. L., Asseng, S., Chapman, S., McCown, R. L., Freebairn, D. M. & Smith, C. J. 2003. An overview of APSIM, a model designed for farming systems simulation. *Eur. J. Agron.*, 18: 267-288.

Kemanian, A. R., Stockle, C. O., Huggins, D. R. & Viega, L. M. 2007. A simple method to estimate harvest index in grain crops. *Field Crops Res.*, 103: 208-216.

Kim, K. I., Clay, D. E., Carlson, C. G., Clay, S. A. & Trooien, T. 2008. Do synergistic relationships between nitrogen and water influence the ability of corn to use nitrogen derived from fertilizer and soil? *Agron. J.*, 100: 551-556.

Kim, S. & Dale, B. E. 2004. Global potential bioethanol production from wasted crops and crop residues. *Biomass and Bioenergy*, 26: 361-375, doi: http://dx. doi. org/10. 1016/j. biombioe. 2003. 08. 002.

Körner, C. 1991. Some often overlooked plant characteristics as determinants of plant growth: a reconsideration. *Funct. Ecol.*, 5: 162-173.

Laborte, A. G., De Bie, K., Smaling, E. M. A., Moya, P. F., Boling, A. A. & van Ittersum, M. K. 2012. Rice yields and yield gaps in Southeast Asia: Past trends and future outlook. *Eur. J. Agron.*, 36: 9-20, doi: 10. 1016/j. eja. 2011. 08. 005.

Liang, W, Carberry, P., Wang, G., Lü, R., Lü, H. & Xia, A. 2011. Quantifying the yield gap in wheat-maize cropping systems of the Hebei Plain, China. *Field Crops Res.*, 124: 180-185, doi: 10. 1016/j. fcr. 2011. 07. 010.

Licker, R., Johnston, M., Foley, J. A., Barford, C., Kucharik, C. J., Monfreda, C. & Ramankutty, N. 2010. Mind the gap: how do climate and agricultural management explain the yield gap of croplands around the world? *Global Ecology and Biogeography*, 19: 769-782, doi: 10. 1111/j. 1466-8238. 2010. 00563. x.

Licker R., Johnston M., Foley J. A. & Ramankutty, N. 2008. From the ground up: The role of climate versus management on global crop yield patterns. *American Geophysical Union, Fall Meeting* 2008, abstract#GC11A-0674.

Lindquist, J. L., Arkebauer, T. J., Walters, D. T., Cassman, K. G. & Dobermann, A. 2005. Maize radiation use efficiency under optimal growth conditions. *Agron. J.*, 97: 72-78.

Lobell, D. B. & Asner, G. P. 2003a. Climate and management contributions to recent trends in US agricultural yields. *Science*, 299: 1032-1032, doi: 10. 1126/science. 1077838.

Lobell, D. B., Asner, G. P., Ortiz-Monasterio, J. I. & Benning, T. L. 2003b. Remote sensing of regional crop production in the Yaqui Valley, Mexico: estimates and uncertainties. *Agric. Ecosyst. Environ.*, 94: 205-220, doi: 10. 1016/s0167-8809 (02) 00021-x.

Lobell, D. B. & Ortiz-Monasterio, J. I. 2006. Regional importance of crop yield constraints: Linking simulation models and geostatistics to interpret spatial patterns. *Ecol. Model.*, 196: 173-182.

Lobell, D. B., Cassman, K. G. & Field, C. B. 2009. Crop yield gaps: their importance, magnitudes, and causes. *Ann. Revi. Environ. Res.*, 34: 179-204, doi: 10. 1146/annurev. environ. 041008. 093740.

Lobell, D. B., Ivan Ortiz-Monasterio, J. & Lee, A. S. 2010. Satellite evidence for yield growth opportunities in Northwest India. *Field Crops Res.*, 118: 13-20, doi: 10. 1016/j. fcr. 2010. 03. 013.

Lobell, D. B. 2013. The use of satellite data for crop yield gap analysis. *Field Crops Res.*, 143: 56-64, doi: 10. 1016/j. fcr. 2012. 08. 008.

Loomis, R. S. & Amthor, J. S. 1999. Yield Potential, Plant Assimilatory Capacity, and Metabolic Efficiencies. *Crop. Sci.*, 39: 1584-1596.

Lyle, G., Lewis, M. & Ostendorf, B. 2013. Testing the temporal ability of landsat imagery and precision agriculture technology to provide high resolution historical estimates of wheat yield at the farm scale. *Remote Sensing*, 5: 1549-1567.

Ma, W., Hafeez, M., Rabbani, U., Ishikawa, H. & Ma, Y. 2012. Retrieved actual ET using SEBS model from Landsat-5 TM data for irrigation area of Australia. *Atmos. Environ.*, 59: 408-414, doi: 10. 1016/j. atmosenv. 2012. 05. 040.

Maas, S. J. 1991. Use of remotely sensed information in agricultural crop yield. *Agron. J.*, 80: 655-662.

Marin, F. R. & de Carvalho, G. L. 2012. Spatio-temporal variability of sugarcane yield efficiency in the state of Sao Paulo, Brazil. *Pesquisa Agrop. Brasil.*, 47: 149-156.

Menendez, F. J. & Satorre, E. H. 2007. Evaluating wheat yield potential determination in the Argentine Pampas. *Agric. Syst.*, 95: 1-10.

Milne, A. E., Ferguson, R. B. & Lark, R. M. 2006a. Estimating a boundary line model for a biological response by maximum likelihood. *Ann. appl. Biol.*, 149: 223-234, doi: doi: 10. 1111/j. 1744-7348. 2006. 00086. x.

Milne, A. E., Wheeler, H. C. & Lark, R. M. 2006b. On testing biological data for the presence of a boundary. *Ann. appl. Biol.*, 149: 213-222, doi: 10. 1111/j. 1744-7348. 2006. 00085. x.

Monfreda, C., Ramankutty, N. & Foley, J. A. 2008. Farming the planet: 2. Geographic distribution of crop areas, yields, physiological types, and net primary production in the year 2000. *Global Biogeochemical Cycles*, 22: doi: 10. 1029/2007gb002947.

Monteith, J. L. 1977. Climate and efficiency of crop production in Britain. *Philos. Trans. R. Soc. Lond. B.*, 281: 277-294.

Monzon, J. P., Sadras, V. O. & Andrade, F. H. 2006. Fallow soil evaporation and water storage as affected by stubble in sub-humid (Argentina) and semi-arid (Australia) environments *Field Crops Res.*, 98: 83-90.

Musick, J. T., Jones, O. R., Stewart, B. A. & Dusek, D. A. 1994. Water-yield relationships for irrigated and dryland wheat in the U. S. southern plains. *Agron. J.*, 86: 980-986.

Myneni, R. B., Hoffman, S., Knyazikhin, Y., Privette, J. L., Glassy, J., Tian, Y., Wang, Y., Song, X., Zhang, Y., Smith, G. R., Lotsch, A., Friedl, M., Morisette, J. T., Votava, P., Nemani, R. R. & Running, S. W. 2002. Global products of vegetation leaf area and fraction absorbed PAR from year one of MODIS data. *Remote Sensing of Environment*, 83: 214-231, doi: 10. 1016/s0034-4257 (02) 00074-3.

Nelson, G. C., Rosegrant, M. W., Palazzo, A., Gray, I., Ingersoll, C., Robertson, R., Tokgoz, S., Zhu, T., Sulser, T. B., Ringler, C., Msangi, S. & You, L. 2010.

Food security, farming and climate change to 2050. (International Food Policy Research Institute, Washington, D C).

Ohsumi, A., Hamasaki, A., Nakagawa, H., Homma, K., Horie, T. & Shiraiwa, T. 2008. Response of leaf photosynthesis to vapor pressure difference in rice (*Oryza sativa* L.) varieties in relation to stomatal and leaf internal conductance. *Plant Production Science*, 11: 184-191, doi: 10.1626/pps.11.184.

O'Leary, G. J. & Connor, D. J. 1996. A simulation model of the wheat crop in response to water and nitrogen supply: 2. Model validation. *Agric. Syst.*, 52: 31-55.

Ortiz, R., Sayre, K. D., Govaerts, B., Gupta, R., Subbarao, G. V., Ban, T., Hodson, D. P., Dixon, J., Ortiz-Monasterio, I. & Reynolds, M. P. 2008. Climate change: Can wheat beat the heat? *Agric. Ecosyst. Environ.*, 126: 46-58.

Otieno, D., Lindner, S., Muhr, J. & Borken, W. 2012. Sensitivity of Peatland Herbaceous Vegetation to Vapor Pressure Deficit Influences Net Ecosystem CO_2 Exchange. *Wetlands*, 32: 895-905, doi: 10.1007/s13157-012-0322-8.

Parry, M. A. J., Reynolds, M. P., Salvucci, M. E., Raines, C., Andralojc, P. J., Xin-Guang Zhu, Price, G. D., Condon, A. G. & Furbank, R. T. 2011. Raising yield potential of wheat. II. Increasing photosynthetic capacity and efficiency. *J. Exp. Bot.*, 62: 453-467, doi: 10.1093/jxb/erq304.

Passioura, J. B. 1996. Simulation models: science, snake oil, education, or engineering? *Agron. J.*, 88: 690-716.

Peltonen-Sainio, P., Rajala, A., Känkänen, H. & Hakala, K. 2009. *Crop physiology: applications for genetic improvement and agronomy* (eds V. O. Sadras & D. F. Calderini). Academic Press, 71-97.

Poblete-Echeverria, C. & Ortega-Farias, S. 2012. Calibration and validation of a remote sensing algorithm to estimate energy balance components and daily actual evapotranspiration over a drip-irrigated Merlot vineyard. *Irr. Sci.*, 30: 537-553, doi: 10.1007/s00271-012-0381-x.

Potgieter, A., Meinke, H., Doherty, A., Sadras, V. O., Hammer, G., Crimp, S. & Rodriguez, D. 2013. Spatial impact of projected changes in rainfall and temperature on wheat yields in Australia. *Climatic Change*, 117: 163-179, doi: 10.1007/s10584-012-0543-0.

Raes, D., Steduto, P., Hsiao, T. C. & Fereres, E. 2010. Aquacrop, version 3.1. Users guide. FAO, Rome.

Ramirez-Villegas, J. & Challinor, A. 2012. Assessing relevant climate data for agricultural applications. *Agric. Forest Meteorol.*, 161: 26-45, doi: 10.1016/j.agrformet.2012.03.015.

Richards, R. A. 2006. Physiological traits used in the breeding of new cultivars for water-scarce environments. *Agric Water Manag*, 80: 197-211.

Ritchie, J. T. 1972. Model for predicting evaporation from a row crop with incomplete cover.

Water Resources Research，8：1204-1213.

Rockström，J.，Jansson，P. E. & Barron，J. 1998. Seasonal rainfall partitioning under runon and runoff conditions on sandy soil in Niger. On-farm measurements and water balance modelling. *Journal of Hydrology*，210：68-92.

Rockström，J.，Falkenmark，M.，Lannerstad，M. & Karlberg，L. 2012. The planetary water drama：dual task of feeding humanity and curbing climate change. *Geophysical Research Letters*，39：15401. doi：10. 1029/2012gl051688.

Roderick，M. L. & Farquhar，G. D. 2003. Pinatubo，diffuse light，and the carbon cycle. *Science*，299：1997-1998.

Rodriguez，D. & Sadras，V. O. 2007. The limit to wheat water use efficiency in eastern Australia. I. Gradients in the radiation environment and atmospheric demand. *Aust. J. Agric. Res.*，58：287-302.

Roget，D. K. 1995. Decline in root rot（*Rhizoctonia solani* AG-8）in wheat in a tillage and rotation experiment at Avon，South Australia. *Aust. J. Exp. Agric.*，35：1009-1013.

Rötter，R. P. 1993. *Simulation of the biophysical limitations to maize production under rainfed conditions in Kenya：evaluation and application of the model* WOFOST PhD thesis，University of Trier，Germany.

Rötter，R. P.，Palosuo，T.，Kersebaum，K. C.，Angulo，C.，Bindi，M.，Ewert，F.，Ferrise，R.，Hlavinka，P.，Moriondo，M.，Nendel，C.，Olesen，J. E.，Pati，R. H.，Ruget，F.，Takά & J.，Trnka，M. 2012. Simulation of spring barley yield in different climatic zones of Northern and Central Europe：A comparison of nine crop models. *Field Crops Res.*，133：23-36，doi：http://dx. doi. org/10. 1016/j. fcr. 2012. 03. 016.

Sadras，V. O. & Connor，D. J. 1991. Physiological basis of the response of harvest index to the fraction of water transpired after anthesis. A simple model to estimate harvest index for determinate species. *Field Crops Res*，26：227-239.

Sadras，V. O. & Roget，D. K. 2004. Production and environmental aspects of cropping intensification in a semiarid environment of southeastern Australia. *Agron. J.*，96：236-246.

Sadras，V. O. 2005. A quantitative top-down view of interactions between stresses：theory and analysis of nitrogen-water co-limitation in Mediterranean agro-ecosystems. *Aust. J. Agric. Res.*，56：1151-1157.

Sadras，V. O. & Angus，J. F. 2006. Benchmarking water use efficiency of rainfed wheat in dry environments. *Aust. J. Agric. Res.*，57：847-856.

Sadras，V. O. & Rodriguez，D. 2007. The limit to wheat water use efficiency in eastern Australia. Ⅱ. Influence of rainfall patterns. *Aust. J. Agric. Res.*，58：657-669.

Sadras，V. O. 2007b. Evolutionary aspects of the trade-off between seed size and number in crops. *Field Crops Res.*，100：125-138.

Sadras，V. O. & Rodriguez，D. 2010. Modelling the nitrogen-driven trade-off between nitrogen utilisation efficiency and water use efficiency of wheat in eastern Australia. *Field Crops Res.*, 118: 297-305.

Sadras, V. O., Grassini, P. & Steduto, P. 2012. Status of water use efficiency of main crops. *The State of the World's Land and Water Resources for Food and Agriculture, FAO. Thematic Report No. 7*, http://www.fao.org/fileadmin/templates/solaw/files/thematic_reports/TR_07_web.pdf, 41pp.

Sadras, V. O. & Lawson, C. 2013a. Nitrogen and water-use efficiency of Australian wheat varieties released between 1958 and 2007. *Eur. J. Agron.*, 46: 34-41.

Sadras, V. O., Grassini, P., Costa, R., Cohan, L. & Hall, A. J. 2013b. How reliable are crop production data? Case studies in Argentina and USA. Personal communication.

Samarasinghe, G. B. 2003. Growth and yields of Sri Lanka's major crops interpreted from public domain satellites. *Agric Water Manag*, 58: 145-157.

Savin, R., Sadras, V. O. & Slafer, G. A. 2006. *IX Congress of the European Society of Agronomy. Bibliotheca Fragmenta Agronomica volume* 11, *Book of proceedings*, *Part I*. 339-340.

Sileshi, G., Akinnifesi, F. K., Debusho, L. K., Beedy, T., Ajayi, O. C. & Mong'omba, S. 2010. Variation in maize yield gaps with plant nutrient inputs, soil type and climate across sub-Saharan Africa. *Field Crops Res.*, 116: 1-13, doi: 10.1016/j.fcr.2009.11.014 (2010).

Sinclair, T. R. & Rawlins, S. L. 1993a. Inter-seasonal variation in soybean and maize yields under global environmental-change. *Agron. J.*, 85: 406-409.

Sinclair, T. & Shiraiwa, T. 1993b. Soybean radiation-use efficiency as influenced by nonunifrom specific leaf nitrogen and diffuse radiation. *Crop. Sci.*, 32: 1281-1284.

Slafer, G. A., Kantolic, A. G., Appendino, M. L., Miralles, D. J. & Savin, R. 2009. *Crop Physiology*, Academic Press. 277-308.

Soltani, A. & Hoogenboom, G. 2007. Assessing crop management options with crop simulation models based on generated weather data. *Field Crops Res.*, 103: 198-207, doi: 10.1016/j.fcr.2007.06.003.

Spitters, C. J. T. 1986. Separating the diffuse and direct component of global radiation and its implications for modelling canopy photosynthesis Part II. Calculations of canopy photosynthesis. *Agric. Forest Meteorol.*, 38: 231-242.

Stanhill, G. & Cohen, S. 2001. Global dimming: a review of the evidence for a wide-spread and significant reduction in global radiation with discussion of its probable causes and possible agricultural consequences. *Agric. Forest Meteorol.*, 107: 255-278.

Steduto, P., Hsiao, T. C., Raes, D. & Fereres, E. 2009. AquaCrop: The FAO Crop Model to Simulate Yield Response to Water: I. Concepts and Underlying Principles. *Agron. J.*, 101: 426-437, doi: 10.2134/agronj2008.0139s.

Steduto, P., Hsiao, T. C., Fereres, E. & Raes, D. 2012. Crop yield response to water.

FAO Irrigation and Drainage Paper 66.

Steven, M. D., Briscoe, P. V. & Jaggard, K. W. 1983. Estimation of sugar-beet produc-tivity from reflection in the red and infared-spectral bands. *International Journal of Remote Sensing*, 4: 325-339.

Stöckle, C. O., Donatelli, M. & Nelson, R. 2003. CropSyst, a cropping systems simulation model. *Eur. J. Agron.*, 18: 289-307.

Stocking, M. A. 2003. Tropical Soils and Food Security: The Next 50 Years. *Science*, 302: 1356-1359.

Stöckle, C. O. & Kemanian, A. R. 2009. *Crop physiology: applications for genetic improvement and agronomy* (eds V. O. Sadras & D. F. Calderini) 145-170. Academic Press.

Sumberg, J. 2012. Mind the (yield) gap (s). *Food Security*, 4: 509-518, doi: 10.1007/s12571-012-0213-0.

Tittonell, P., Corbeels, M., van Wijk, M. T., Vanlauwe, B. & Giller, K. E. 2006. Combining organic and mineral fertilizers for integrated soil fertility management in smallholder farming systems of Kenya: Explorations using the crop-soil model FIELD. *Agron. J.*, 100: 1511-1526.

Tittonell, P. & Giller, K. E. 2013. When yield gaps are poverty traps: The paradigm of ecological intensification in African smallholder agriculture. *Field Crops Res.*, 143: 76-90, doi: 10.1016/j.fcr.2012.10.007.

Twine, T. E. & Kucharik, C. J. 2009. Climate impacts on net primary productivity trends in natural and managed ecosystems of the central and eastern United States. *Agric. Forest Meteorol.*, 149: 2143-2161, doi: 10.1016/j.agrformet.2009.05.012.

van Bussel, L. G. J., Muller, C., van Keulen, H., Ewert, F. & Leffelaar, P. A. 2011. The effect of temporal aggregation of weather input data on crop growth models' results. *Agric. Forest Meteorol.*, 151: 607-619, doi: 10.1016/j.agrformet.2011.01.007.

van Dam, J. C. & Malik, R. S. 2003. Water productivity of irrigated crops in Sirsa district, India. WATPRO final report, ISBN 90-6464-864-6, 173 pp.

van den Berg, M. & Singels, A. 2013. Modelling and monitoring for strategic yield gap diagnosis in the South African sugar belt. *Field Crops Res.*, 143: 143-150, doi: 10. 1016/j.fcr.2013.10.009.

van Ittersum, M. K. & Rabbinge, R. 1997. Concepts in production ecology for analysis and quantification of agricultural input-output combinations. *Field Crops Res.*, 52: 197-208.

van Ittersum, M. K., Cassman, K. G., Grassini, P., Wolf, J., Tittonell, P. & Hochman, Z. 2013. Yield gap analysis with local to global relevance——A review. *Field Crops Res.*, 143: 4-17, doi: http://dx.doi.org/10.1016/j.fcr.2012.09.009.

van Wart, J., Grassini, P. & Cassman, K. G. 2013. Estimated impact of weather data USDA-NASS source on simulated crop yields. *Global Change Biol.*, in press.

Vazifedoust, M., van Dam, J. C., Bastiaanssen, W. G. M. &Feddes, R. A. 2009. Assimilation of satellite data into agrohydrological models to improve crop yield forecasts. *International Journal of Remote Sensing*, 30: 2523-2545, doi: 10.1080/01431160802552769.

Wairegi, L. W. I., van Asten, P. J. A., Tenywa, M. M. & Bekunda, M. A. 2010. Abiotic constraints override biotic constraints in East African highland banana systems. *Field Crops Res.*, 117: 146-153, doi: 10.1016/j.fcr.2010.02.010.

Webb, R. A. 1972. Use of boundary line in analysis of biological data. *Journal of Horticultural Science & Biotechnology*, 47: 309.

Yang, Y., Shang, S. & Jiang, L. 2012a. Remote sensing temporal and spatial patterns of evapotranspiration and the responses to water management in a large irrigation district of North China. *Agric. Forest Meteorol.*, 164: 112-122, doi: 10.1016/j.agrformet. 2012. 05.011.

Yang, Y., Su, H., Zhang, R., Tian, J. & Yang, S. 2012b. Estimation of regional evapotranspiration based on remote sensing: case study in the Heihe River Basin. *Journal of Applied Remote Sensing*, 6, doi: 10.1117/1.jrs.6.061701.

You, L., Wood, S. & Wood-Sichra, U. 2009. Generating plausible crop distribution maps for Sub-Saharan Africa using a spatially disaggregated data fusion and optimization approach. *Agric. Syst.*, 99: 126-140, doi: 10.1016/j.agsy.2008.11.003.

Zwart, S. J. & Bastiaanssen, W. G. M. 2007. SEBAL for detecting spatial variation of water productivity and scope for improvement in eight irrigated wheat systems. *Agric Water Manag*, 89: 287-296, doi: 10.1016/j.agwat.2007.02.002.

Zwart, S. J., Bastiaanssen, W. G. M., de Fraiture, C. & Molden, D. J. 2010. WATPRO: A remote sensing based model for mapping water productivity of wheat. *Agric Water Manag*, 97: 1628-1636, doi: 10.1016/j.agwat.2010.05.017.

FAO技术报告

FAO TECHNICAL PAPERS

FAO 水资源报告

1. 防止农业和有关活动对水的污染，1993（E/S）
2. 灌溉供水模式，1994（E）
3. 用于改善农业生产的集水技术，1994（E）
4. 遥感技术在灌溉和排水方面的应用，1995（E）
5. 灌溉管理权的转让，1995（E）
6. 水政策审查和改革的方法学，1995（E）
7. 非洲灌溉的数据情况，1995（E/F）
8. 灌溉调度：从理论到实践，1996（E）
9. 近东地区灌溉的数据，1997（E）
10. 用于灌溉作物的废水的质量控制，1997（E）
11. 沿海蓄水层的海水入侵研究、监测和控制指南，1997（E）
12. 灌溉方案的现代化：过去的经验和未来的选择，1997（E）
13. 农业排水水质管理，1997（E）
14. 支持粮食安全的灌溉技术转让，1997（E）
15. 前苏联国家的灌溉情况数据，1997（E）
16. 遥感和水资源，1997（F/E）
17. 发展和管理小规模灌溉的体制和技术选择，1998（E）
18. 亚洲灌溉情况数据，1999（E）
19. 灌溉用水的现代控制和管理做法：对于成果的影响，1999（E）
20. 拉丁美洲和加勒比国家的灌溉数据，2000（S/E）
21. 水污染的水质管理和控制，2000（E）
22. 非充分灌溉技术实践，2002（E）
23. 按国家审查世界水资源，2003（E）
24. 重新考虑地下水和粮食安全的办法，2003（E）

25. 地下水管理：寻找实用方法，2003（E）
26. 灌溉和排水能力的发展：问题、挑战和前进道路，2004（E）
27. 水资源的经济评价：从部门角度到自然资源管理的功能性角度，2004（E）
28. 灌溉农业中的水费：国际经验分析，2004（E）相关工作和成果，2007（E）
29. 非洲灌溉情况数据：FAO 水和农业信息系统调查（2005），2005（E/F）
30. 支持水资源管理过程以利益有关者为导向的估值：与地方做法相联系的概念，2006（E）
31. 撒哈拉沙漠以南非洲灌溉农业产品的需求，2006（E）
32. 全世界灌溉管理权转移，2008（E/S）
33. 农业的范围和湿地的互动：走向可持续的多方响应策略，2008（E）
34. 中东地区灌溉情况数据：FAO 水和农业信息系统调查，2008，2009（AR/E）
35. 废物的丰富性：农业废水利用的经济学，2010（E）
36. 气候变化、水和粮食安全（E）
37. 亚洲东部和南部的灌溉数据：粮农组织水和农业信息系统调查，2011（E）
38. 应对水资源短缺：农业和粮食安全行动框架（E/F）
39. 中亚灌溉情况数据（E）
40. 控制中国农业产生的水污染以及脱离农业生产的水污染指南（E）
41. 大田作物产量差距分析：方法和案例研究（E）

可获得日期：2014 年 9 月

Ar——阿拉伯语
C——中文
E——英语
F——法语
P——葡萄牙语
S——西班牙语

Multil——多语种版
*绝版
**准备出版

联合国粮农组织技术论文可以通过粮农组织授权的销售代理或直接从粮农组织市场营销组获得，地址：FAO Viale delle Terme di Caracalla，00153 Rome，Italy。

图书在版编目（CIP）数据

大田作物产量差距分析：方法和案例研究/联合国粮食及农业组织编著；孙钊等译.—北京：中国农业出版社，2019.12
（FAO中文出版计划项目丛书）
ISBN 978-7-109-26489-2

Ⅰ.①大…　Ⅱ.①联…②孙…　Ⅲ.①大田作物-产量分析-研究　Ⅳ.①S504.8

中国版本图书馆CIP数据核字（2020）第022040号

著作权合同登记号：图字01-2018-4708号

大田作物产量差距分析：方法和案例研究
DATIAN ZUOWU CHANLIANG CHAJU FENXI：FANGFA HE ANLI YANJIU

中国农业出版社出版
地址：北京市朝阳区麦子店街18号楼
邮编：100125
责任编辑：郑　君
版式设计：王　晨　　责任校对：赵　硕
印刷：中农印务有限公司
版次：2019年12月第1版
印次：2019年12月北京第1次印刷
发行：新华书店北京发行所
开本：700mm×1000mm　1/16
印张：5.75
字数：120千字
定价：59.00元
